嵌入式系统项目实践教程

（蓝桥杯 CT117E 嵌入式竞赛板 V1.1 平台）

主　编　刘丁发　朱於峰　刘　勇
副主编　蒋淦华　李志翔　甘　仿　金梓函

北京理工大学出版社
BEIJING INSTITUTE OF TECHNOLOGY PRESS

内 容 简 介

本书以"蓝桥杯"大赛嵌入式竞赛实训平台为硬件环境，以实训平台上的模块程序设计为基础，详细介绍了嵌入式设计与开发项目的工程实现，让读者可以轻松地将这些模块应用在不同的项目和产品中。全书精选 12 个实验内容，实验 1 为嵌入式开发平台的软件开发环境的搭建；实验 2~4 为 GPIO 输入、输出控制实现，包括输出控制、输入按键实现、时序输出控制等工程实现；实验 5 为中断功能实现；实验 6 实现了外部串行通信；实验 7~8 实现了定时器功能的应用，分别实现了定时和 PWM 输出功能；实验 9 实现了实时时钟功能；实验 10 实现了模/数转换功能；实验 11~12 实现了端口模拟时序功能，分别实现了 DHT11 温湿度检测、IIC 存储器控制功能。所有的实验为"嵌入式系统项目实训"课程的真实内容，全书的程序都通过了实际调试，并经过了多次教学反复测试。

本书特别适合参加"蓝桥杯"大赛的初学者学习参考，也可以作为高等院校相关专业的实训教材，还可以作为微控制系统设计及相关行业工程技术人员入门培训用书。

图书在版编目 (CIP) 数据

嵌入式系统项目实践教程 / 刘丁发，朱於峰，刘勇
主编. --北京：北京理工大学出版社，2024.6.
ISBN 978-7-5763-4194-2

Ⅰ . TP368.1

中国国家版本馆 CIP 数据核字第 2024JX5239 号

责任编辑：李 薇　　文案编辑：李 硕
责任校对：刘亚男　　责任印制：李志强

出版发行 / 北京理工大学出版社有限责任公司
社　　址 / 北京市丰台区四合庄路 6 号
邮　　编 / 100070
电　　话 / (010) 68914026 (教材售后服务热线)
　　　　　　(010) 68944437 (课件资源服务热线)
网　　址 / http://www.bitpress.com.cn

版 印 次 / 2024 年 6 月第 1 版第 1 次印刷
印　　刷 / 唐山富达印务有限公司
开　　本 / 787 mm×1092 mm　1/16
印　　张 / 6.25
字　　数 / 146 千字
定　　价 / 72.00 元

　　世界万物，智能互联，这是当下产业界正在推动的新一代技术发展和服务的方向，万物互联后产生的大数据可以进一步提升社会发展效率和推动产业升级，将产生巨大的社会价值。产业升级、技术创新，离不开与时俱进的人才。高校是人才培养的重要基地，我一直在思考这样的问题：学生达到怎样的工程实践能力，才能在毕业后受到用人单位的青睐？企业对学生的要求是什么？在校内学习阶段对学生如何培养？

　　引用天津大学李刚教授的一句名言，"勇于实践+深入思考＝真才实学"，而当今的高校工科生，最缺乏的就是勇于实践，没有大量的实践，就很难对某一个问题进行深入剖析和思考，当然，也就谈不上真才实学。因此，教学中应强调实践能力，实践出真理，在操作中分析问题、理解问题，最终解决问题。

　　"嵌入式系统开发与设计"课程是江西软件职业技术大学智能控制学院的专业必修课程，本书配合"嵌入式系统开发与设计"课程的理论教学，共精选了12个实验。由于学院多次参加"蓝桥杯"嵌入式设计比赛，因此为引导学生以赛促学，本书将硬件平台定为嵌入式竞赛训练板（CT117E），具体内容包括基础 MDK–ARM 集成开发环境安装与操作应用，以及标准库函数介绍和库函数编程。随着学习的深入，增加竞赛扩展板后，还补充了竞赛扩展板上的功能模块的使用实验。其中大部分实验为现实生产生活中常见的实例部分功能，旨在训练学生嵌入式系统综合应用的实践能力。

　　本书突出工程实践，既可作为嵌入式课程的教学实验用书，也可作为毕业设计、课程设计、课外科技活动、电子技术竞赛等实践活动的参考资料。本书中的每个实验都包含详细的例程以供学生参考学习，用于加深学生对程序的理解及帮助学生自行检验对各实验内容的掌握情况。本书还可以作为职业本科院校相关专业教材，供从事单片机开发、应用工程的工程技术人员参考。

　　限于编者水平，书中恐有疏漏之处，恳请读者批评指正。

作者于江西软件职业技术大学

2024 年 4 月

目　录

实验 1
MDK-ARM 软件安装及设置

本实验首先介绍 MDK-ARM 软件及固件包结构，然后详述新建工程的方法，通过创建及使用工程模板，熟悉并掌握工程编译环境的设置。

 ## 1.1　实验目的

1. 学习 MDK-ARM V4.73 软件的安装及注册。
2. 熟悉 MDK-ARM 软件的编译环境与使用方法。
3. 了解固件库 FWLib V3.5 的结构。
4. 掌握新建工程项目的方法。
5. 掌握工程环境配置的方法。

 ## 1.2　实验内容

本实验实现 STM32F1 系列开发软件的安装及环境的配置，并且在此基础上进行标准库的工程模板的创建。

▶▶▶1.2.1　MDK-ARM V4.73 软件的安装 ▶▶▶

考虑到国信长天嵌入式竞赛实训平台（CT117E）上的 CooCox 调试器只能在 MDK-ARM V4.xx 环境下工作，本书以 MDK-ARM V4.73 为例，进行软件安装。

右击图 1-1 所示图标，以管理员身份运行 MDK473.exe 软件，进行软件安装。

图 1-1　安装图标

出现图 1-2 所示的安装界面，单击"Next"按钮进行软件安装。

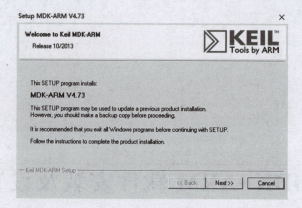

图 1-2 安装界面

如图 1-3 所示，勾选"I agree to all the terms of the preceding License Agreement"复选框，单击"Next"按钮进入下一步。

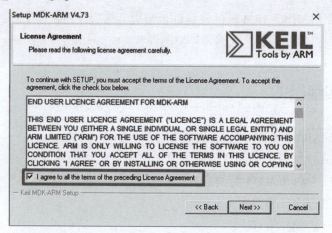

图 1-3 安装同意界面

用户信息输入界面如图 1-4 所示，输入用户的信息后，单击"Next"按钮。

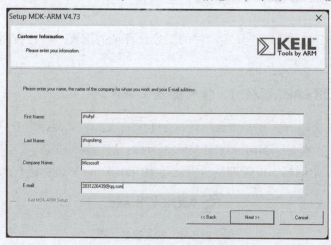

图 1-4 用户信息输入界面

继续单击"Next"按钮，等待安装完成，单击"Finish"按钮结束安装，如图1-5所示。

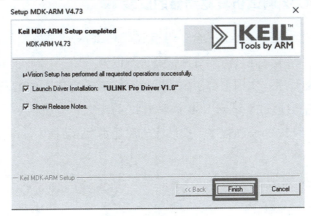

图1-5 安装结束界面

▶▶▶ 1.2.2 MDK-ARM V4.73 软件的注册 ▶▶▶

双击图1-6所示的Keil图标，运行编译环境。

图1-6 Keil图标

需要注意，试用版有32 KB编译程序代码的限制，因此我们要进行软件的注册，否则如果超过代码的限制，则编译的文件会存在问题。运行MDK-ARM V4.73，然后打开"File"菜单，选择"License Management"命令，进行软件的注册，如图1-7所示。

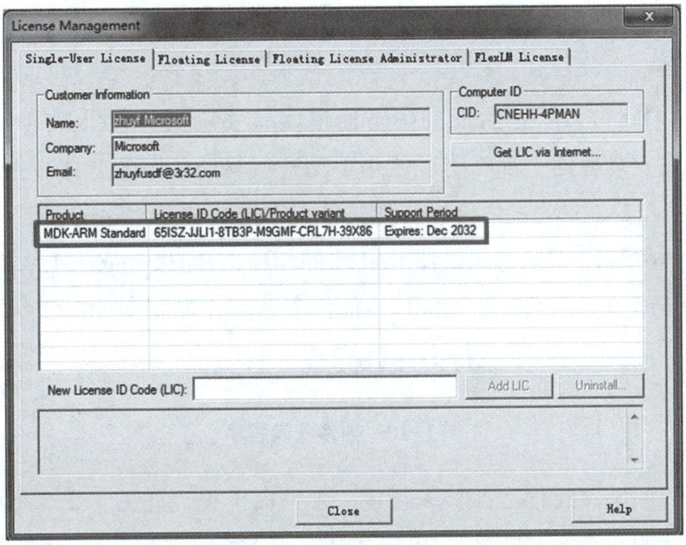

图1-7 复制CID号

▶▶▶ 1.2.3　CooCox 调试仿真驱动器的安装 ▶▶▶

使用国信长天嵌入式竞赛实训平台，因板载有 CooCox 调试器，故需要安装调试器驱动程序和调试器插件程序，并且需要对调试器进行设置。

安装调试器驱动程序：实训平台使用双 USB UART 转换芯片 FT2232D 作为板载调试器转接芯片，将实训平台通过调试器 USB 插座 CN2 与个人计算机（Personal Computer，PC）相连，PC 提示安装 FT2232 驱动程序，安装完成后显示"驱动程序软件安装"对话框，如图 1-8 所示。

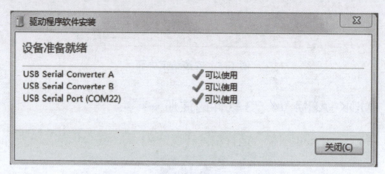

图 1-8　"驱动程序软件安装"对话框

设备管理器中出现 USB 设备 USB Serial Converter A/B 和 COM 端口 USB Serial Port（COM22），不同的 PC，设备号可能不同，如图 1-9 所示。

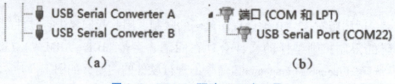

（a）　　　　　　　　　　　　　　（b）

图 1-9　FT2232 驱动 USB 串口号

（a）USB 设备；（b）COM 端口

注意：记住 COM 端口号，后面的串行通信实验要用到。如果是第一次插入开发板，没有弹出驱动程序安装界面，那么可以使用手动安装驱动程序的方式，在设备驱动中查找安装位置，找到 FT2232 驱动文件夹，在此文件夹中进行驱动程序的安装。

安装调试器插件程序：运行调试器 Keil 插件程序 CoMDKPlugin-1.3.1.exe，将插件程序安装到 Keil 的安装文件夹（如 C:\Keil）。插件安装程序如图 1-10 所示。

CoMDKPlugin-1.3.1.exe

图 1-10　插件安装程序

在进行下面的调试器配置之前，先新建一个空白工程，详见 1.2.5 小节。

之后在 Keil 中打开新建的工程，单击生成工具栏中的"Target Option"按钮，打开"目标选项"对话框，单击"Debug"标签，打开"Debug"选项卡，选择"Use"调试器并从下拉列表中选择"CooCox Debugger"选项(如果没有"CooCox Debugger"选项,则需重新安装调试器插件程序),勾选"Run to main( )"复选框,如图1-11所示。

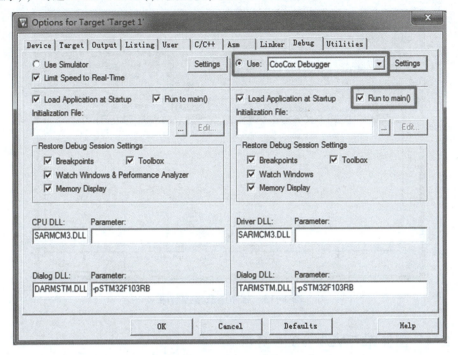

图1-11　Keil调试器配置

单击"Settings"按钮打开"驱动设置"对话框,确认"Debug"选项卡中的"Adapter"为"Colink","Port"为"JTAG","IDCODE"及"Device Name"能识读到数据,如图1-12所示。

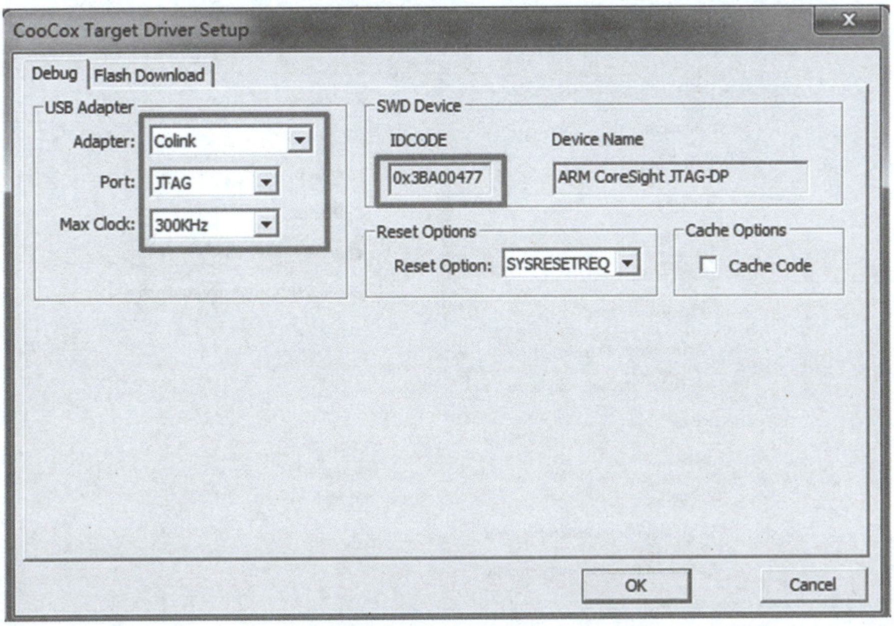

图1-12　JTAG识别

单击"Flash Download"标签，打开"Flash Download"选项卡，单击"Add"按钮打开"Add Programming Algorithm"对话框，选择"STM32F10x Med-density Flash"，如图1-13所示。

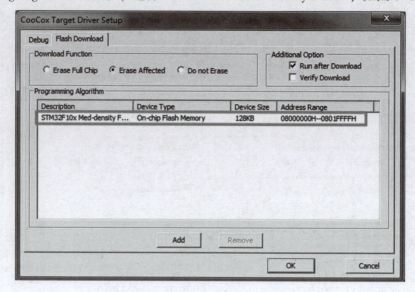

图1-13　程序下载微控制器

▶▶ 1.2.4　固件库 FWLib V3.5 分析 ▶▶▶

固件库 FWLib V3.5 的结构如图1-14所示。

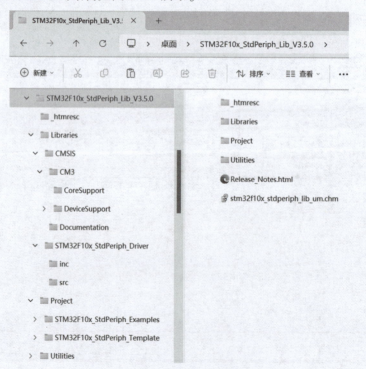

图1-14　固件库 FWLib V3.5 的结构

Libraries 文件夹下面有 CMSIS 和 STM32F10x_StdPeriph_Driver 两个目录，包含驱动库的源代码及启动文件。

CMSIS 文件夹中存放的是符合微控制器软件接口标准（Cortex Microcontroller Software Interface Standard，CMSIS）规范的一些文件，包括 STM32F1 核内外设访问层代码、RTOS API（实时操作系统接口函数），以及 STM32F1 片上外设访问层代码等。

STM32F10x_StdPeriph_Driver 文件夹中存放的是 STM32F1 标准外设固件库源码文件和对应的头文件。其中，inc 目录中存放的是 stm32f10x_ppp.h 头文件，无须改动；src 目录中存放的是 stm32f10x_ppp.c 格式的固件库源码文件。每一个 .c 文件和一个相应的 .h 文件对应。

Project 文件夹：STM32F10x_StdPeriph_Examples 文件夹中存放的是 ST 官方提供的固件实例源码，STM32F10x_StdPeriph_Template 文件夹中存放的是工程模板。

Utilities 文件夹中存放的是官方评估板的一些对应源码。

stm32f10x_stdperiph_lib_um.chm 文件是固件库的帮助文档，主要介绍的是如何使用驱动库来编写应用程序。

▶▶▏1.2.5　新建工程项目 ▶▶▶

打开 MDK-ARM 软件，选择"Project"→"New uVision Project"命令，弹出图 1-15 所示的保存工程界面。

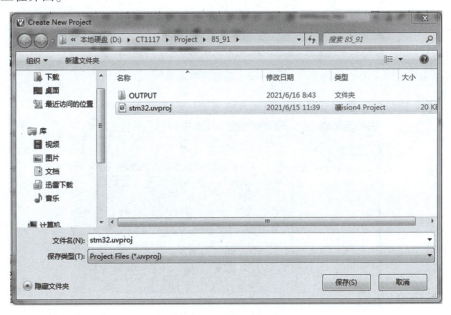

图 1-15　保存工程界面

给新工程项目命名，并单击"保存"按钮，则弹出"器件选择"对话框，因为蓝桥杯嵌入式开发板使用的微控制器（Micro Control Unit，MCU）为 STM32F103RB，所以选择 STMicroelectronics 下面的 STM32F103RB，如图 1-16 所示。

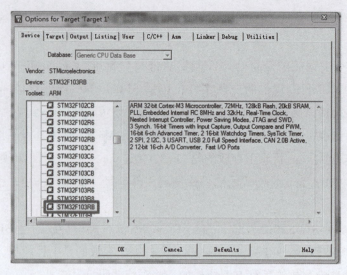

图 1-16　工程项目微控制器的选择

单击"OK"按钮，则 MDK-ARM 弹出图 1-17 所示的对话框，询问用户是否加载启动代码到当前工程。若需要，则单击"是"按钮，本例中单击"否"按钮。

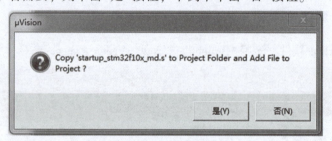

图 1-17　启动文件选择

经过以上操作后，就可以新建一个工程，如图 1-18 所示。

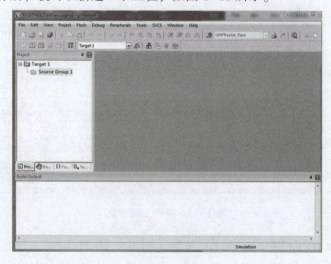

图 1-18　新建工程

▶▶▶1.2.6　工程环境配置 ▶▶▶ ▶

打开 test1 文件夹中的工程项目，这是一个模板工程项目，打开该工程项目后，可以单击"编译"按钮，对所建立的工程进行编译。编译结果如图1-19所示。

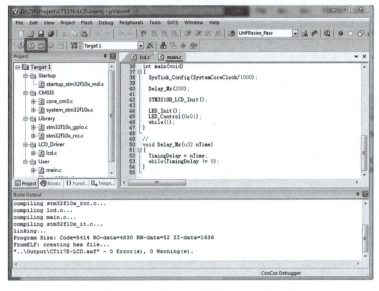

图1-19　编译结果

产生 HEX 文件。打开"目标选项"对话框，单击"Output"标签，打开"Output"选项卡，按照图1-20所示勾选"Create HEX File"复选框，这样在编译完成且没有错误的情况下就可以生成 STM32 单片机的可执行文件格式，即 .hex 格式，单击"Select Folder for Objects"按钮，进行目标文件(Object)输出文件夹路径的添加。

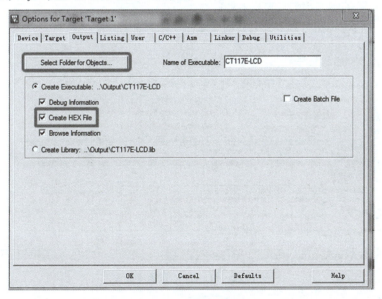

图1-20　产生 HEX 文件

选择列表文件(Listing)输出的文件夹路径。单击"Listing"标签，在"Listing"选项卡中，添加目标文件输出文件夹路径，如图1-21所示。

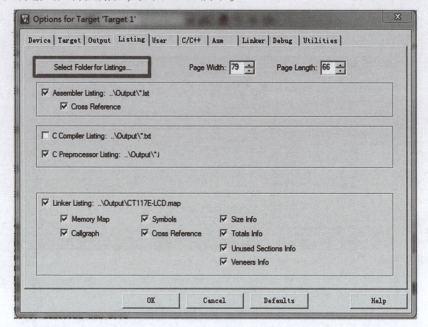

图1-21 选择列表文件输出的文件夹路径

"C/C++"选项卡设置。单击"C/C++"标签，在"C/C++"选项卡的"Define"文本框中输入代码"STM32F10X_MD. USE_STDPERIPH_DRIVER. _1010MODE"，如图1-22所示。

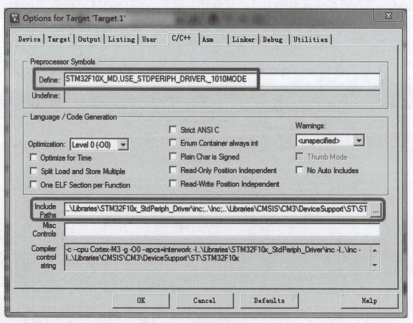

图1-22 "C/C++"选项卡设置

添加头文件路径。按照图1-23所示添加相关头文件路径，否则编写程序时会出现错误提示。

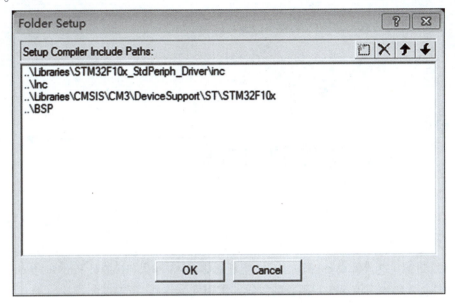

图1-23　添加头文件路径

至此，一个完整的STM32开发工程在MDK-ARM下建立完成，接下来就可以进行代码下载和仿真调试了。

 ## 1.3　实验要求

1. 能够单独进行MDK-ARM V4.73软件的安装及注册。
2. 熟练掌握CooCox调试仿真驱动器的安装及开发环境的配置。
3. 熟练进行一个新的工程项目的创建和工程环境配置。
4. 能对MDK-ARM编辑环境进行代码编辑的美化(关键词彩色显示、TAB键功能、块注释与取消等)。

实验 2
GPIO 控制闪烁灯

STM32 最简单的外部设备（简称外设）就是通用输入/输出（General Purpose Input Output，GPIO）端口，本实验采用标准库函数的方式，实现发光二极管（Light Emitting Diode，LED）的闪烁控制；学习库函数 GPIO 端口输出控制的方法。本实验实现开发板上的一排 LED，每秒进行一次状态翻转，即实现闪烁灯效果。

2.1　实验目的

1. 熟练掌握在工程项目中，对标准库函数驱动的调用方法。
2. 掌握 STM32F1 的 GPIO 驱动相关的标准库函数方法。
3. 掌握蓝桥杯开发板的 LED 硬件电路及控制方式。
4. 学习课程中介绍的滴答（SysTick）定时器的使用方法。

2.2　实验内容

本实验运用 STM32F1 的 GPIO 端口输出控制功能，完成 LED 的闪烁控制。

▶▶▌2.2.1　标准项目目录结构 ▶▶ ▶

首先把实验 1 的工程项目打开，如图 2-1 所示。

接下来逐一介绍工程目录下面的文件夹及重要文件。

Startup 文件夹中存放的主要是启动文件及标准库函数的配置文件。启动文件在正常情况下不需要修改，配置文件可根据使用的标准库驱动外设来进行 .h 文件的包含。

CMSIS 文件夹中存放了 ARM 核心文件及 system_stm32f10x.c 文件，ARM 核心文件不需要修改，system_stm32f10x.c 文件里面主要是系统时钟初始化函数的相关定义，一般情况下也不需要用户进行修改。

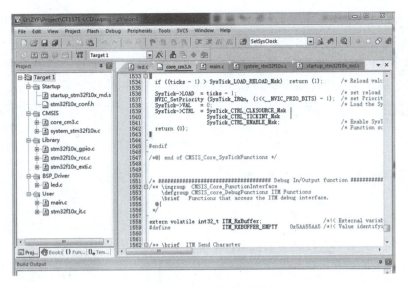

图 2-1 实验 1 的工程项目

Library 文件夹中存放的是 ST 官方提供的外设驱动固件库文件，对于这些文件用户可以根据工程需要来添加和删除。每个 stm32f10x_ppp.c 源文件对应一个 stm32f10x_ppp.h 头文件。

BSP_Driver 文件夹用来存放实验用到的外设驱动代码，它们是通过调用 Library 文件夹下面的外设驱动固件库文件实现的，从本实验开始，慢慢增加各外设驱动文件的编写。

User 文件夹用来存放主程序。除此之外，stm32f10x_it.c 里面存放的部分中断服务函数也一并存放在此目录中。

▶▶▶ 2.2.2　GPIO 固件库的函数 ▶▶▶ ▶

使用标准库进行驱动程序编写时，首先要理解 ST 官方外设驱动固体库文件。在此要使用到 GPIO 外设端口，所以在 Library 文件夹下，必须导入 stm32f10x_gpio.c 驱动。GPIO_Init( ) 函数说明如表 2-1 所示。

表 2-1　GPIO_Init( ) 函数说明

函数名	GPIO_Init
函数原型	void GPIO_Init(GPIO_TypeDef*GPIOx，GPIO_InitTypeDef*GPIO_InitStruct)
功能描述	根据 GPIO_InitStruct 中指定的参数初始化外设 GPIOx 寄存器
输入参数 1	GPIOx：x 可以是 A、B、C、D 或 E，用来选择 GPIO 外设
输入参数 2	GPIO_InitStruct：指向结构 GPIO_InitTypeDef 的指针，包含了外设 GPIO 的配置信息。参考下文 GPIO_InitTypeDef 查阅更多该参数允许的取值范围
输出参数	无
返回值	无
先决条件	无
被调用函数	无

GPIO_Init( )函数有两个参数，第一个参数用来指定 GPIO 端口，取值范围为 GPIOA ~ GPIOE；第二个参数为初始化参数结构体指针，结构体类型为 GPIO_InitTypeDef。

下面来看 GPIO_InitTypeDef 结构体的定义。首先打开工程项目，然后找到 stm32f10x_gpio. h 文件，在该文件中可以查看到 GPIO_InitTypeDef 结构体的定义：

```
typedef struct
{
    uint16_t GPIO_Pin;
    GPIOSpeed_TypeDef GPIO_Speed;
    GPIOMode_TypeDef GPIO_Mode;
}GPIO_InitTypeDef;
```

GPIO_Pin：该参数选择待设置的 GPIO 引脚位。其取值范围如下：

```
#define GPIO_Pin_0        ((uint16_t)0x0001)   /* ! < Pin 0 selected */
#define GPIO_Pin_1        ((uint16_t)0x0002)   /* ! < Pin 1 selected */
#define GPIO_Pin_2        ((uint16_t)0x0004)   /* ! < Pin 2 selected */
#define GPIO_Pin_3        ((uint16_t)0x0008)   /* ! < Pin 3 selected */
#define GPIO_Pin_4        ((uint16_t)0x0010)   /* ! < Pin 4 selected */
#define GPIO_Pin_5        ((uint16_t)0x0020)   /* ! < Pin 5 selected */
#define GPIO_Pin_6        ((uint16_t)0x0040)   /* ! < Pin 6 selected */
#define GPIO_Pin_7        ((uint16_t)0x0080)   /* ! < Pin 7 selected */
#define GPIO_Pin_8        ((uint16_t)0x0100)   /* ! < Pin 8 selected */
#define GPIO_Pin_9        ((uint16_t)0x0200)   /* ! < Pin 9 selected */
#define GPIO_Pin_10       ((uint16_t)0x0400)   /* ! < Pin 10 selected */
#define GPIO_Pin_11       ((uint16_t)0x0800)   /* ! < Pin 11 selected */
#define GPIO_Pin_12       ((uint16_t)0x1000)   /* ! < Pin 12 selected */
#define GPIO_Pin_13       ((uint16_t)0x2000)   /* ! < Pin 13 selected */
#define GPIO_Pin_14       ((uint16_t)0x4000)   /* ! < Pin 14 selected */
#define GPIO_Pin_15       ((uint16_t)0x8000)   /* ! < Pin 15 selected */
#define GPIO_Pin_All      ((uint16_t)0xFFFF)   /* ! < All pins selected */
```

GPIO_Speed：当 I/O 端口作为输出时，最高工作的速度选择。其取值范围如下：

```
typedef enum
{
    GPIO_Speed_10MHz=1,
    GPIO_Speed_2MHz,
    GPIO_Speed_50MHz
}GPIOSpeed_TypeDef;
```

GPIO_Mode：进行 I/O 端口的工作模式选择。其取值范围如下：

```
typedef enum
{
    GPIO_Mode_AIN=0x0,
    GPIO_Mode_IN_FLOATING=0x04,
    GPIO_Mode_IPD=0x28,
    GPIO_Mode_IPU=0x48,
    GPIO_Mode_Out_OD=0x14,
    GPIO_Mode_Out_PP=0x10,
    GPIO_Mode_AF_OD=0x1C,
    GPIO_Mode_AF_PP=0x18
}GPIOMode_TypeDef;
```

STM32F1 系列芯片的 I/O 端口可以有 8 种工作模式,包括 4 种输入和 4 种输出,每一个 I/O 端口只能选择这 8 种工作模式中的一种。

GPIO 库函数中的其他功能函数请参考《STM32 固件库使用手册 V3.5》。

RCC_APB2PeriphClockCmd( )函数的功能是对挂载在 APB2 系统总线上的外设进行时钟的使能,如表 2-2 所示。

表 2-2　RCC_APB2PeriphClockCmd( )函数说明

函数名	RCC_APB2PeriphClockCmd
函数原型	void RCC_APB2PeriphClockCmd(u32 RCC_APB2Periph, FunctionalState NewState)
功能描述	使能或失能 APB2 外设时钟
输入参数 1	RCC_APB2Periph:门控 APB2 外设时钟。参考下文 RCC_PB2Periph 查阅更多该参数允许的取值范围
输入参数 2	NewState:指定外设时钟的新状态。这个参数可以取 ENABLE 或 DISABLE
输出参数	无
返回值	无
先决条件	无
被调用函数	无

挂载在 APB2 上的外设如表 2-3 所示。

表 2-3　挂载在 APB2 上的外设

RCC_APB2Periph	描述
RCC_APB2Periph_AFIO	功能复用 I/O 时钟
RCC_APB2Periph_GPIOA	GPIOA 时钟
RCC_APB2Periph_GPIOB	GPIOB 时钟
RCC_APB2Periph_GPIOC	GPIOC 时钟
RCC_APB2Periph_GPIOD	GPIOD 时钟

续表

RCC_APB2Periph	描述
RCC_APB2Periph_GPIOE	GPIOE 时钟
RCC_APB2Periph_ADC1	ADC1 时钟
RCC_APB2Periph_ADC2	ADC2 时钟
RCC_APB2Periph_TIM1	TIM1 时钟
RCC_APB2Periph_SPI1	SPI1 时钟
RCC_APB2Periph_USART1	USART1 时钟
RCC_APB2Periph_ALL	全部 APB2 外设时钟

▶▶▶ 2.2.3 LED 原理分析 ▶▶▶

LED 的驱动电路如图 2-2 所示。

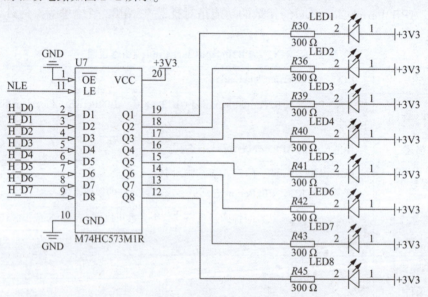

图 2-2　LED 的驱动电路

图 2-2 中，H_D0~H_D7 与 PC8~PC15，NLE 与 PD2 经过 J1、J2 插针跳线连接起来，MCU 的输出端口与 LED 驱动的锁存器输入相连接，要控制 LED，还必须进行 74HC573 芯片的控制。实训平台上的 8 个 LED 指示灯 LD1~LD8 通过锁存器分别与 PC8~PC15 相连，低电平时 LED 亮，高电平时 LED 灭。锁存器的使能端与 PD2 相连，低电平时锁存数据（锁存器输出不随输入变化），高电平时不锁存数据（锁存器输出随输入变化）。

▶▶▶ 2.2.4 软件程序设计 ▶▶▶

进行 LED 控制的 MCU 对应端口初始化，参考程序如下：

```
void LED_Init(void)

{

    GPIO_InitTypeDef GPIO_InitStruct;

    RCC_APB2PeriphClockCmd(RCC_APB2Periph_GPIOC,ENABLE);

    RCC_APB2PeriphClockCmd(RCC_APB2Periph_GPIOD,ENABLE);

    GPIO_InitStruct.GPIO_Pin=GPIO_Pin_8 | GPIO_Pin_9 | \

    GPIO_Pin_10 | GPIO_Pin_11 | GPIO_Pin_12 | GPIO_Pin_13 | \

    GPIO_Pin_14 | GPIO_Pin_15;

    GPIO_InitStruct.GPIO_Speed=GPIO_Speed_2MHz;

    GPIO_InitStruct.GPIO_Mode=GPIO_Mode_Out_PP;

    GPIO_Init(GPIOC,&GPIO_InitStruct);

    GPIO_InitStruct.GPIO_Pin=GPIO_Pin_2;

    GPIO_Init(GPIOD,&GPIO_InitStruct);

}
```

编写 74HC573 并行锁存芯片的驱动程序，参考如下（每次进行了显示值的赋值后，再进行锁存位的使能）：

```
void LED_Disp(unsigned char ucLed)

{

    GPIO_Write(GPIOC,~ucLed << 8);

    GPIO_SetBits(GPIOD,GPIO_Pin_2);

    GPIO_ResetBits(GPIOD,GPIO_Pin_2);

}
```

主程序中，只需要使用上面编写好的驱动程序，首先进行控制端口的初始化操作，再使用课程中介绍过的滴答定时器，产生 1 s 的精准延时，最后进行 LED 闪烁驱动设置，就能实现本实验的功能要求。主要程序参考如下：

```
if((delay_ms >=1000)&&(delay_ms < 2000))

{

    LED_Disp(0);

}
else if(delay_ms >=2000)

{

    LED_Disp(0xff);

    delay_ms=0;

}
```

▶▶▶ 2.2.5　效果验证 ▶▶▶

根据上面的介绍，完成整体程序的实现，最后进行编译，程序编译无错误、警告后，连接好仿真接口 USB 与 PC 的 USB 端口之间的仿真线，再在 Keil 软件中，进入硬件仿真状态配置(配置好工程的硬件仿真相关设置)，如图 2-3 所示。

图 2-3　LED 效果

 2.3　实验要求

1. 完成实验任务的程序编写，实现实验任务的功能。
2. 熟练掌握 GPIO 标准库的输出驱动程序的编写。
3. 掌握 74HC573 锁存器的驱动程序设计。
4. 掌握硬件仿真调试方法。
5. 自行进行程序设计，实现 8 个 LED 流水灯功能。

实验 3

独立按键

学习使用标准库的 GPIO 函数，进行按键状态读入的应用。实验 2 中介绍了 STM32F1 的 I/O 端口作为输出的使用，在本实验中，将利用开发板上的 4 个独立按键，来控制板载的 LED 的状态模式切换及蜂鸣器的开、关控制。

3.1　实验目的

1. 学习使用输入标准库函数，编写按键的读入驱动程序。
2. 掌握 STM32F1 的 LED 不同状态的功能实现。
3. 掌握蓝桥杯开发板的按键硬件电路的识读方法。
4. 熟悉蜂鸣器及 LED 的驱动方法。

3.2　实验内容

本实验实现运用 GPIO 端口的输入及输出功能，利用按键进行 LED 状态模式切换及蜂鸣器的开、关控制。

▶▶| 3.2.1　GPIO 端口输入函数 ▶▶ ▶

本实验需要再次使用到 GPIO 的驱动，本次使用 GPIO 的输入功能，先熟悉以下函数。

GPIO_ReadInputData( ) 函数：指定 GPIO 端口的输入值，功能是读取外设端口输入的值，返回值为一个 16 位数据，如表 3-1 所示。

表 3-1　GPIO_ReadInputData( ) 函数说明

函数名	GPIO_ReadInputData
函数原型	u16 GPIO_ReadInputData(GPIO_Typedef*GPIOx)
功能描述	读取指定的 GPIO 端口输入
输入参数	GPIOx：x 可以是 A、B、C、D 或 E，用来选择 GPIO 外设
输出参数	无
返回值	GPIO 输入数据端口值
先决条件	无
被调用函数	无

GPIO 库函数中的其他功能函数请参考《STM32 固件库使用手册 V3.5》。

根据上面的驱动函数，可写出独立按键的驱动程序，具体如下：

```
unsigned char KEY_Scan(void)
{
    unsigned char ucKey_Val=0;
    if(~GPIO_ReadInputData(GPIOA)& 0x101)
    {
        Delay_KEY(10);
        if(!GPIO_ReadInputDataBit(GPIOA,GPIO_Pin_0))
        ucKey_Val=1;
        if(!GPIO_ReadInputDataBit(GPIOA,GPIO_Pin_8))
        ucKey_Val=2;
    }
    else if(~GPIO_ReadInputData(GPIOB)& 6)
    {
        Delay_KEY(10);
        if(!GPIO_ReadInputDataBit(GPIOB,GPIO_Pin_1))
        ucKey_Val=3;
        if(!GPIO_ReadInputDataBit(GPIOB,GPIO_Pin_2))
        ucKey_Val=4;
    }
    return ucKey_Val;
}
```

以上程序是外部按键的扫描读取实现程序，先进行端口的读取，查询按键位是否存在按键值，若存在，则延时一段时间后再次进行按键位的读取，最终把读取的按键值使用一个变量返回到函数调用处。

▶▶ 3.2.2 独立按键原理图 ▶▶▶

独立按键原理图如图 3-1 所示。

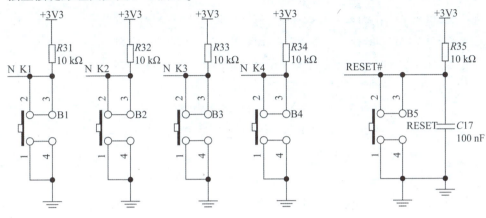

图 3-1 独立按键原理图

从图 3-1 可见，除 4 个独立的按键外，还有一个 MCU 的复位按键；4 个独立按键采用外部上拉的方式输入到 MCU 的 I/O 引脚上。当按下被按键时，芯片的 I/O 引脚上的外部输入变为低电平。因此，前面的按键扫描功能的实现，就使用了读取引脚上的电平并查询其是否为低电平的方法，当有低电平时代表存在按键被按下。

本实验需要用到的蜂鸣器及 LED 硬件电路，在课程教学中已经给出分析，此处不再进行介绍。

▶▶ 3.2.3 软件程序设计 ▶▶ ▶

由于要使用 GPIO 端口，进行按键值输入采集，所以按键对应的初始化程序如下：

```
void KEY_Init(void)
{
    GPIO_InitTypeDef GPIO_InitStructure;
    RCC_APB2PeriphClockCmd(RCC_APB2Periph_GPIOA,ENABLE);
    RCC_APB2PeriphClockCmd(RCC_APB2Periph_GPIOB,ENABLE);
    GPIO_InitStructure.GPIO_Pin=GPIO_Pin_0 | GPIO_Pin_8;
    GPIO_InitStructure.GPIO_Mode=GPIO_Mode_IN_FLOATING;
    GPIO_Init(GPIOA,&GPIO_InitStructure);
    GPIO_InitStructure.GPIO_Pin=GPIO_Pin_1 | GPIO_Pin_2;
    GPIO_InitStructure.GPIO_Mode=GPIO_Mode_IN_FLOATING;
    GPIO_Init(GPIOB,&GPIO_InitStructure);
}
```

使用标准库的方法，进行蜂鸣器驱动，对蜂鸣器的控制 GPIO 端口进行初始化，参考程序如下：

```
void BUZ_Init(void)
{
    GPIO_InitTypeDef GPIO_InitStruct;
    RCC_APB2PeriphClockCmd(RCC_APB2Periph_AFIO,ENABLE);
    RCC_APB2PeriphClockCmd(RCC_APB2Periph_GPIOB,ENABLE);
    GPIO_PinRemapConfig(GPIO_Remap_SWJ_NoJTRST,ENABLE);
    GPIO_InitStruct.GPIO_Pin=GPIO_Pin_4;
    GPIO_InitStruct.GPIO_Speed=GPIO_Speed_50MHz;
    GPIO_InitStruct.GPIO_Mode=GPIO_Mode_Out_PP;
    GPIO_Init(GPIOB,&GPIO_InitStruct);
}
```

　　主程序实现的任务如下：当短按 B1 按键时，每次按下后 LED 左移一位；当短按 B2 按键时，每次按下后 LED 右移一位；当长按 B1 按键时，每次按下后延迟指定时间 LED 左移两位；当长按 B2 按键时，每次按下后延迟指定时间 LED 右移两位；当按住 B3 按键时，蜂鸣器响，松开时，蜂鸣器关。按键处理主程序参考如下：

```
void KEY_Proc(void)
{
    unsigned char ucKey_Val;
    ucKey_Val=KEY_Scan();
    if(ucKey_Val!=ucKey_Long)
    {
        ucKey_Long=ucKey_Val;
        ulKey_Time=ulTick_ms;
    }
    else
    ucKey_Val=0;
    if(ucKey_Val==1)              // 短按 B1 按键
    {
        ucLed <<=1;
        if(ucLed==0)ucLed=1;
    }
    if(ucKey_Val==2)              // 短按 B2 按键
    {
        ucLed >>=1;
        if(ucLed==0)ucLed=0x80;
    }
    if(ucKey_Long==1)            // 长按 B1 按键
```

```
        {
                if(ulTick_ms- ulKey_Time > 800)
                {
                        ulKey_Time=ulTick_ms;
                        ucLed <<=2;
                        if(ucLed==0)ucLed=1;
                }
        }
        if(ucKey_Long==2)                    // 长按 B2 按键
        {
                if(ulTick_ms- ulKey_Time > 800)
                {
                        ulKey_Time=ulTick_ms;
                        ucLed >>=2;
                        if(ucLed==0)ucLed=0x80;
                }
        }
        if(ucKey_Long==3)                    // 按住 B3 按键
        GPIO_ResetBits(GPIOB,GPIO_Pin_4);
        else
        GPIO_SetBits(GPIOB,GPIO_Pin_4);
    }
```

把实验所需功能程序补充完整，最后进行编译，程序编译无错误、警告后，将其下载到硬件开发板上，查看是否达到实验效果。

 ## 3.3　实验要求

1. 完成实验任务的程序编写，实现实验任务的功能。
2. 熟练掌握 GPIO 标准库的外部读入驱动程序的编写。
3. 掌握外部独立按键的长、短按键的识别方法。
4. 掌握库函数中的引脚重映射的使用方法。
5. 复习前面的 LED 控制的方法及学习蜂鸣器的库函数初始化和控制方式。

实验 4
数码管显示控制

本实验将利用 STM32 的 GPIO 端口与数码管进行连接控制，完成数码管的静态显示功能。在嵌入式电子产品中，数码管因为价格低廉、显示字符范围广、显示效果明显、体积小、可靠性好，所以得到了广泛的使用。本实验使用 3 位数码管，显示 000~FFF，每秒进行依次叠加效果（000、111、222…），并使用每位数码管的小数点位，进行每秒十六进制叠加显示。

4.1　实验目的

1. 熟悉数码管的结构、工作原理和显示方式。
2. 掌握数码管静态显示的原理及程序编程。
3. 掌握输出锁存移位寄存器（74LS595）芯片的应用。
4. 利用 STM32 的 GPIO 端口，完成串并锁存芯片控制，最终进行数码管静态显示。

 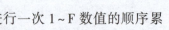
4.2　实验内容

本实验进行 3 位数码管的显示控制，使每位数码管每秒进行一次 1~F 数值的顺序累加，并用 3 位小数点表示累加的次数。

▶▶▶ 4.2.1　数码管的结构和工作原理 ▶▶▶ ▶

数码管也称 LED 数码管，是一种可以显示数字和其他信息的电子设备。按 LED 单元连接方式的不同，数码管可分为共阳极数码管和共阴极数码管。共阳极数码管是指将所有 LED 的阳极接到一起形成公共阳极（COM）的数码管，它在应用时将公共阳极 COM 接到+5 V，当某一位段 LED 的阴极为低电平时，相应位段就点亮；当某一位段 LED 的阴极为高电平时，相应位段就不亮。共阴极数码管是指将所有 LED 的阴极接到一起形成公共阴极

(COM)的数码管，它在应用时应将公共阴极 COM 接到地线 GND 上，当某一位段 LED 的阳极为高电平时，相应位段就点亮，当某一位段 LED 的阳极为低电平时，相应位段就不亮。单个 LED 数码管的结构如图 4-1 所示。

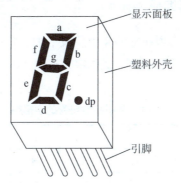

图 4-1　单个 LED 数码管的结构

数码管内部由 8 个 LED(简称位段)组成，其中有 7 个条形 LED 和 1 个小圆点 LED，如图 4-2(a)所示。当 LED 导通时，相应的位段或点就会发光，将这些 LED 排成一定图形，常用来显示数字 0~9、字符 A~G，还可以显示 H、L、P、R、U、Y、符号"-"及小数点"."等。

共阳极数码管的结构如图 4-2(b)所示，把所有 LED 的阳极作为公共端(COM)连接起来，接高电平，通常接电源(+5 V)。控制每一个 LED 的阴极电平使其发光或熄灭，阴极为低电平时 LED 发光，为高电平时 LED 熄灭。

共阴极数码管的结构如图 4-2(c)所示，把所有 LED 的阴极作为公共端(COM)连接起来，接低电平，通常接地。控制每一个 LED 的阳极电平使其发光或熄灭，阳极为高电平时 LED 发光，为低电平时 LED 熄灭。

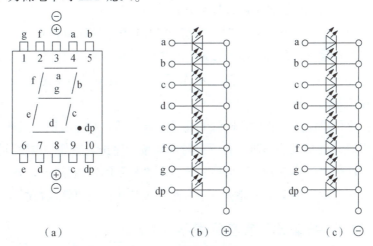

(a)　　　　　　　(b)　　　　　　　(c)

图 4-2　数码管的内部结构

(a)引脚排列；(b)共阳极数码管的结构；(c)共阴极数码管的结构

实验板的硬件，接的数码管为共阴极数码管，通常数码管内部是没有限流电阻的，在使用时需外接限流电阻。如果不限流，则将造成 LED 的烧毁。限流电阻一般使流经 LED 的电流控制在 10~20 mA，由于高亮度数码管的使用，所以电流还可以取小一些。

▶▶▶ 4.2.2　数码管的字形编码 ▶▶▶ ▶

数码管要显示某个字符，必须在它的 8 个位段上加上相应的电平组合，即一个 8 位数据，这个数据就称为该字符的字形编码（简称字形码）。共阴极数码管的字形码如表 4-1 所示。

表 4-1　共阴极数码管的字形码

字形	dp	g	f	e	d	c	b	a	共阴段码（H）
0	L	L	H	H	H	H	H	H	3F
1	L	L	L	L	L	H	H	L	06
2	L	H	L	H	H	L	H	H	5B
3	L	H	L	L	H	H	H	H	4F
4	L	H	H	L	L	H	H	L	66
5	L	H	H	L	H	H	L	H	6D
6	L	H	H	H	H	H	L	H	7D
7	L	L	L	L	L	H	H	H	07
8	L	H	H	H	H	H	H	H	7F
9	L	H	H	L	H	H	H	H	6F

▶▶▶ 4.2.3　数码管的显示方式 ▶▶▶ ▶

数码管有静态显示和动态显示两种显示方式。

静态显示：数码管显示某一字符时，相应的 LED 恒定导通或恒定截止。这种显示方式的各位数码管相互独立，公共端恒定接地（共阴极）。每个数码管的 8 个位段分别与一个 8 位的 I/O 端口相连。I/O 端口只要有字形码输出，数码管就显示给定字符，并保持不变，直到 I/O 端口输出新的段码。

动态显示：逐位轮流点亮各位数码管的显示方式，即在某一时段，只选中一位数码管的"位选端"，并送出相应的字形码，在下一时段再按顺序选通另外一位数码管，并送出相应的字形码。以此规律循环下去，即可使各位数码管分别间断地显示出相应的字符。

为了简单应用，本实验选用了静态显示方法，进行 3 位数码管的控制。

▶▶▶ 4.2.4　74LS595 输出锁存移位寄存器 ▶▶▶ ▶

为了节约 CPU 的 GPIO 端口，控制 3 位数码管，本实验采用了移位寄存器 74LS595 芯片，这样，只需使用 3 台 CPU 的 I/O 端口，就能进行 3 位数码管的静态显示了。此芯片是一款漏极开路输出的互补金属氧化物半导体（Complementary Metal Oxide Semiconductor,

CMOS）移位寄存器，输出端口为可控的三态输出端，也能串行输出控制下一级级联芯片。

74LS595 芯片说明如图 4-3 所示。

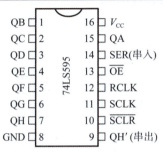

RCLK	SCLK	$\overline{\text{SCLR}}$	$\overline{\text{G}}$	功　　能
X	X	X	X	QA～QH=三态
X	X	X	X	移位寄存清除
X	↑	H	X	Q，H=0
X	X	X	L	Qn=Qn-1，Q0=SER
↑	X	H	X	移位寄存器的数据传输到锁存器

图 4-3　74LS595 芯片说明

▶▶▶ 4.2.5　数码管控制电路 ▶▶▶

数码管控制电路如图 4-4 所示。

图 4-4 显示硬件上的 3 个数码管，使用了 74LS595 进行串联移位锁存静态显示驱动，在控制引脚上，只需控制 SER、RCLK、SCK 这 3 个控制引脚，即可实现 3 位数码管控制。

数码管在蓝桥杯嵌入式开发板的扩展板上，3 根控制引脚引线接到 P3 插针；使用短接帽，把 P3 插针与 P4 插针短接，最终 3 个引脚作用到扩展板 P1 与主板连接。

主板 J3 与扩展板 P1 相连，最终 3 个数码管的控制引脚连接到 M_PA1、M_PA2、M_PA3 这 3 个 CPU 端口。

通过 GPIO 端口输出显示数据电路图，必须进行如下硬件连接：

P4.1（PA1）—P3.1（SER）；

P4.2（PA2）—P3.2（RCLK）；

P4.3（PA3）—P3.3（SCK）。

同时断开开发平台上的下列连接：

J1.3（PA3）—J2.3（RXD2）；

J1.4（PA2）—J2.4（TXD2）。

由于数码管和 USART2 都使用了 PA2 和 PA3 引脚，所以数码管和 USART2 不能同时使用。

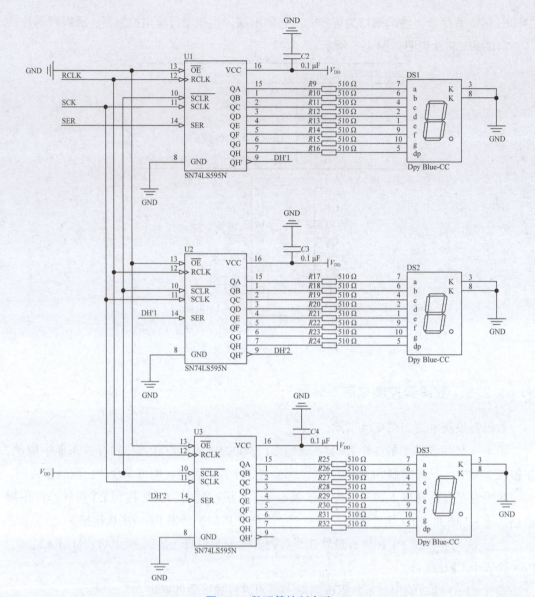

图 4-4　数码管控制电路

▶▶▶|4.2.6　软件程序设计 ▶▶▶▶

　　根据上面的硬件分析，应用到了 3 个 GPIO 端口，所以要进行数码管控制，必须要对这 3 个 GPIO 端口进行初始化，程序如下：

```
RCC_APB2PeriphClockCmd(RCC_APB2Periph_GPIOA,ENABLE);

GPIO_InitStruct.GPIO_Pin=GPIO_Pin_1 | GPIO_Pin_2 | GPIO_Pin_3;

GPIO_InitStruct.GPIO_Speed=GPIO_Speed_50MHz;

GPIO_InitStruct.GPIO_Mode=GPIO_Mode_Out_PP;

GPIO_Init(GPIOA,&GPIO_InitStruct);
```

根据共阴极数码管的显示编码原则，可计算得到 0~F 及全灭字形显示字库编码缓存：

```
unsigned char code[17]={0x3f,0x06,0x5b,0x4f,0x66,0x6d,0x7d,0x07,0x7f,0x6f,0x77,0x7c,0x39,0x5e,
0x79,0x71,0x00};
```

最后把需要显示的 3 位数据，根据移位顺序合并为 24 位数据，进行移位 24 次，将 3 个 74LS595 串联进行显示，将 3 位数码管的小数点位组合成一个二进制编码方式显示，加到 24 位显示数据中，进行小数点位的显示控制，参考程序如下：

```
unsigned long ulData=(code[ucData3] << 16)+(code[ucData2] << 8)+code[ucData1];
ulData+=(ucDot&1)<<23;                    //小数点位
ulData+=(ucDot&2)<<14;
ulData+=(ucDot&4)<<5;
for(i=0;i<24;i++)
{
    if(ulData & 0x800000)                 //根据当前位高低,置 SER 引脚
    GPIO_SetBits(GPIOA,GPIO_Pin_1);       // PA1(SER)=1
    else
    GPIO_ResetBits(GPIOA,GPIO_Pin_1);     // PA1(SER)=0
    ulData <<=1;
    GPIO_SetBits(GPIOA,GPIO_Pin_3);       // PA3(SCK)=1
    GPIO_ResetBits(GPIOA,GPIO_Pin_3);     // PA3(SCK)=0
}
GPIO_SetBits(GPIOA,GPIO_Pin_2);           // PA2(RCLK)=1
GPIO_ResetBits(GPIOA,GPIO_Pin_2);         // PA2(RCLK)=0
```

上面的程序为进行数码管显示的驱动程序，在主程序中，只需根据任务要求，在上电时熄灭所有显示，然后每秒所有数码管 0~F 循环显示；对 3 个小数点位进行二进制编码方式的显示处理，参考程序如下：

```
SEG_Disp(0x10,0x10,0x10,0);               // 熄灭所有显示
if(ucSec1!=ucSec)
{
    ucSec1=ucSec;
    SEG_Disp((uiSeg&0xf00)>>8,(uiSeg&0xf0)>>4,uiSeg&0xf,ucDot++);
    uiSeg+=0x111;
    if(uiSeg > 0x1000)uiSeg=0;
}
```

4.3 实验要求

1. 完成实验任务的程序编写，实现实验任务的功能。

2. 掌握串行外设接口（Serial Peripheral Interface，SPI）控制 74LS595 移位寄存器的方法。

3. 掌握共阴极数码管静态显示的工作原理及程序编程。

4. 根据共阴极数码管的编码原理，进行显示字段的编码。

5. 复习 GPIO 端口 SPI 时序的模拟、滴答定时器的应用等。

实验 5
NVIC 外部中断

本实验将使用 STM32F1 的外部输入中断功能。在前面的实验中，已经介绍了 STM32F1 的 I/O 端口的最基本的操作。本实验将介绍如何将 STM32 的 I/O 端口作为外部中断输入，实现中断检测外部独立按键功能。具体任务为，按下 B1~B4 按键时，分别实现 LED1~LED4 指示灯点亮控制。

5.1 实验目的

1. 掌握外部按键中断功能的实现。
2. 掌握中断原理，能巧用中断程序对外部事件进行处理。
3. 熟练掌握中断优先级和外部中断的使用方法。
4. 掌握使用标准库开启和关闭中断，能正确初始化中断。

5.2 实验内容

本实验运用外部独立按键的中断检测功能，实现按键分别控制 LED1~LED4 的点亮。

▶▶|5.2.1 嵌套向量中断控制器 ▶▶ ▶

前面几个实验介绍了 STM32 GPIO 的基本输入输出，本实验将介绍 STM32 嵌入式系统的中断控制器。STM32F1 的每个 I/O 端口都可以作为中断输入，在使用中断之前要对嵌套向量中断控制器进行设定。嵌套向量中断控制器（Nested Vectored Interrupt Controller，NVIC）是 Cortex-M3 不可分割的一部分，它与 Cortex-M3 内核的逻辑紧密耦合，有一部分甚至交融在一起。NVIC 与 Cortex-M3 内核相辅相成、里应外合，共同完成对中断的响应。

NVIC 管理核异常等中断，其具有以下特点：60 个可屏蔽中断通道（不包含 16 根 Cortex-M3 的中断线）；16 个可编程的优先等级（使用了 4 位中断优先级）；低延迟的异常和中断处理；电源管理控制；系统控制寄存器的实现。

STM32（Cortex-M3）中有两个优先级的概念——抢占优先级和亚优先级（也有人把亚优先级称为响应优先级或副优先级）。每个中断源都需要指定这两个优先级。

第 0 组：所有 4 位用于指定亚优先级。

第 1 组：最高 1 位用于指定抢占优先级，最低 3 位用于指定亚优先级。

第 2 组：最高 2 位用于指定抢占优先级，最低 2 位用于指定亚优先级。

第 3 组：最高 3 位用于指定抢占优先级，最低 1 位用于指定亚优先级。

第 4 组：所有 4 位用于指定抢占优先级。

可以通过调用 STM32 的固件库中的 NVIC_PriorityGroupConfig( ) 函数选择使用哪种优先级分组方式，这个函数的参数有以下 5 种。

NVIC_PriorityGroup_0：选择第 0 组。

NVIC_PriorityGroup_1：选择第 1 组。

NVIC_PriorityGroup_2：选择第 2 组。

NVIC_PriorityGroup_3：选择第 3 组。

NVIC_PriorityGroup_4：选择第 4 组。

指定中断源的抢占优先级和亚优先级的程序示例如下：

```
NVIC_InitStructure.NVIC_IRQChannel=EXTI0_IRQn;                   //使能按键所在的外部中断通道
NVIC_InitStructure.NVIC_IRQChannelPreemptionPriority=0x02;       //抢占优先级 2
NVIC_InitStructure.NVIC_IRQChannelSubPriority=0x02;              //亚优先级 2
NVIC_InitStructure.NVIC_IRQChannelCmd=ENABLE;                    //使能外部中断通道
NVIC_Init(&NVIC_InitStructure);
```

要注意以下几点。

（1）若指定的抢占优先级或亚优先级超出了选定的优先级分组所限定的范围，则可能得到意想不到的结果。

（2）抢占优先级相同的中断源之间没有嵌套关系。

（3）若某个中断源被指定为某个抢占优先级，又没有其他中断源处于同一个抢占优先级，则可以为这个中断源指定任意有效的亚优先级。

▶▶ | 5.2.2　外部中断控制器 ▶▶▶ ▶

首先了解 STM32 I/O 端口中断的一些基本概念。STM32 的每个 I/O 端口都可以作为外部中断（External Interrupt）的中断输入端口，这一点也是 STM32 的强大之处。STM32F103 的中断控制器支持 19 个外部中断/事件请求。每个中断设有状态位，每个中断/事件都有独立的触发和屏蔽设置。STM32F103 的 19 个外部中断如下。

·线 0~15：对应外部 I/O 端口的输入中断。

线 16：连接到可编程电压监测器（Programmable Voltage Detector，PVD）输出。

线 17：连接到实时时钟（Real-Time Clock，RTC）闹钟事件。

线 18：连接到 USB 唤醒事件。

从上面可以看出，STM32 供 I/O 端口使用的中断线只有 16 根，但是 STM32 的 I/O 端口远远不止 16 个，那么 STM32 是怎么把 16 根中断线和 I/O 端口一一对应起来的呢？STM32 这样设计，GPIO 的引脚 GPIOx.0～GPIOx.15（x＝A，B，C，D，E，F，G）分别对应中断线 0～15。这样每根中断线对应了最多 7 个 I/O 端口。GPIO 与中断线的映射关系如图 5-1 所示。

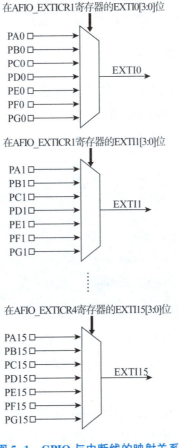

图 5-1　GPIO 与中断线的映射关系

在库函数中，GPIO_EXTILineConfig() 函数实现 GPIO 端口与中断线的映射关系的配置，使用范例如下：

```
GPIO_EXTILineConfig(GPIO_PortSourceGPIOA,GPIO_PinSource0);
```

将中断线 0 与 GPIOA 映射起来，那么很明显 GPIOA.0 与 EXTI0 中断线连接了。设置好中断线映射之后，来自这个 I/O 端口的中断是通过什么方式触发的呢？接下来就要设置该中断线上中断的初始化参数了。

中断线上中断的初始化通过 EXTI_Init( ) 函数实现。

EXTI_Init( ) 函数的使用范例如下：

```
EXTI_InitStructure.EXTI_Line=EXTI_Line0;

EXTI_InitStructure.EXTI_Mode=EXTI_Mode_Interrupt;

EXTI_InitStructure.EXTI_Trigger=EXTI_Trigger_Falling;

EXTI_InitStructure.EXTI_LineCmd=ENABLE;

EXTI_Init(&EXTI_InitStructure);
```

上面的例子是设置中断线 0 上的中断为下降沿触发。STM32 的外设的初始化都是通过结构体来设置初始值的，这里就不再介绍初始化的过程了。

▶▶▶ 5.2.3 NVIC 库函数介绍 ▶▶ ▶

NVIC 驱动有多种用途，如使能或失能中断请求（Interrupt Request，IRQ）中断、使能或失能单独的 IRQ 通道、改变 IRQ 通道的优先级等。

定义 NVIC_InitTypeDef 结构体的代码如下：

```
typedef struct
{
    uint8_t NVIC_IRQChannel;

    uint8_t NVIC_IRQChannelPreemptionPriority;

    uint8_t NVIC_IRQChannelSubPriority;

    FunctionalState NVIC_IRQChannelCmd;

} NVIC_InitTypeDef;
```

NVIC_IRQChannel：该参数用于使能或失能指定的 IRQ 通道。

NVIC_IRQChannelPreemptionPriority：该参数设置了成员 NVIC_IRQChannel 中的抢占优先级。

NVIC_IRQChannelSubPriority：该参数设置了成员 NVIC_IRQChannel 中的亚优先级。

NVIC_IRQChannelCmd：该参数指定了在成员 NVIC_IRQChannel 中定义的 IRQ 通道被使能还是失能。这个参数的取值为 ENABLE 或 DISABLE。

▶▶▶ 5.2.4 外部中断控制器库函数 ▶▶ ▶

EXTI_Init( ) 函数对指定的参数初始化外设 EXIT 寄存器，如表 5-1 所示。

表 5-1 EXTI_Init( ) 函数说明

函数名	EXTI_Init
函数原型	void EXTI_Init(EXTI_InitTypeDef*EXTI_InitStruct)

续表

功能描述	根据 EXTI_InitStruct 中指定的参数初始化外设 EXTI 寄存器
输入参数	EXTI_InitStruct：指向结构 EXTI_InitTypeDef 的指针，包含了外设 EXTI 寄存器的配置信息。参考下文 EXTI_InitTypeDef 查阅更多该参数允许的取值范围
输出参数	无
返回值	无
先决条件	无
被调用函数	无

EXTI_InitTypeDef 结构体的定义如下：

```
typedef struct
{
    uint32_t EXTI_Line;
    EXTIMode_TypeDef EXTI_Mode;
    EXTITrigger_TypeDef EXTI_Trigger;
    FunctionalState EXTI_LineCmd;
}EXTI_InitTypeDef;
```

EXTI_Line：选择了待使能或失能的外部线路，如表 5-2 所示。

表 5-2　EXTI_Line 参数说明

EXTI_Line	描述
EXTI_Line0	外部中断线 0
EXTI_Line1	外部中断线 1
EXTI_Line2	外部中断线 2
EXTI_Line3	外部中断线 3
EXTI_Line4	外部中断线 4
EXTI_Line5	外部中断线 5
EXTI_Line6	外部中断线 6
EXTI_Line7	外部中断线 7
EXTI_Line8	外部中断线 8
EXTI_Line9	外部中断线 9
EXTI_Line10	外部中断线 10
EXTI_Line11	外部中断线 11
EXTI_Line12	外部中断线 12
EXTI_Line13	外部中断线 13

续表

EXTI_Line	描述
EXTI_Line14	外部中断线 14
EXTI_Line15	外部中断线 15
EXTI_Line16	外部中断线 16
EXTI_Line17	外部中断线 17
EXTI_Line18	外部中断线 18

EXTI_Mode：设置了被使能线路的模式，如表 5-3 所示。

表 5-3　EXTI_Mode 参数说明

EXTI_Mode	描述
EXTI_Mode_Event	设置 EXTI 线路为事件请求
EXTI_Mode_Interrupt	设置 EXTI 线路为中断请求

EXTI_Trigger：设置了被使能线路的触发边沿，如表 5-4 所示。

表 5-4　EXTI_Trigger 参数说明

EXTI_Trigger	描述
EXTI_Trigger_Falling	设置输入线路下降沿为中断请求
EXTI_Trigger_Rising	设置输入线路上升沿为中断请求
EXTI_Trigger_Rising_Falling	设置输入线路上升沿和下降沿为中断请求

EXTI_LineCmd：用来定义选中线路的新状态。它可以被设置为 ENABLE 或 DISABLE。

▶▶▶ 5.2.5　软件程序设计 ▶▶▶

首先需要进行中断优先级分组的设置，代码如下：

```
NVIC_PriorityGroupConfig(NVIC_PriorityGroup_2);
```

选择了中断优先级第 2 组，说明抢占优先级可设置为 0~3(共 4 级)，亚优先级同样可设置为 0~3(共 4 级)。

接着进行 I/O 端口初始化，初始化方式同实验 3 输入按键初始化相同，在此省略。完成 I/O 端口初始化后，进行外部中断线配置，并进行外部中断参数初始化，参考程序如下：

```
GPIO_EXTILineConfig(GPIO_PortSourceGPIOA,GPIO_PinSource0);

EXTI_InitStructure.EXTI_Line=EXTI_Line0;

EXTI_InitStructure.EXTI_Mode=EXTI_Mode_Interrupt;

EXTI_InitStructure.EXTI_Trigger=EXTI_Trigger_Falling;

EXTI_InitStructure.EXTI_LineCmd=ENABLE;

EXTI_Init(&EXTI_InitStructure);
```

设置好外部中断参数，接着进行 NVIC 中断的中断通道及优先级的设置，代码如下：

```
NVIC_InitStructure.NVIC_IRQChannel=EXTI0_IRQn;NVIC_InitStructure.NVIC_IRQChannelPre-
emptionPriority=0x02;                                          //抢占优先级2
NVIC_InitStructure.NVIC_IRQChannelSubPriority=0x02;           //亚优先级2
NVIC_InitStructure.NVIC_IRQChannelCmd=ENABLE;                 //使能外部中断通道
NVIC_Init(&NVIC_InitStructure);
```

最后不要忘记中断函数的编写，在中断函数中，为先要进行外部中断标志确定，看是否为误触发引起的中断，若确定为外部产生的中断，则实现按键相应功能，然后要把外部中断的标志位进行清除，参考程序如下：

```
void EXTI0_IRQHandler(void)
{
    if(EXTI_GetITStatus(EXTI_Line0)!=RESET)
    {
        LED_Disp(0x01);
        EXTI_ClearITPendingBit(EXTI_Line0);
    }
}
```

请读者自行完成整个功能程序的编写，分别使用 B1～B4 按键，控制 LED1～LED4 点亮。例如，当按下 B1 按键时，LED1 点亮；当按下 B2 按键时，LED2 点亮；当按下 B3 按键时，LED3 点亮；当按下 B4 按键时，LED4 点亮。实现上述功能后，将程序编译下载到开发板上，看是否达到所需要求，以及按键控制是否灵活。

 ## 5.3　实验要求

1. 完成实验任务的程序编写，实现实验任务的功能。
2. 熟练掌握外部中断、中断触发方式、通道使能、中断或事件模式设置。
3. 掌握 NVIC 中断通道的连接、优先级的配置。
4. 掌握抢占优先级和亚优先级的功能及作用。

实验 6
USART 串口

前面几个实验介绍了 STM32F1 的 I/O 端口操作。本实验将介绍如何使用 STM32F1 的串口（Serial Interface，串行接口）来发送与接收数据。本实验将实现如下功能：STM32F1 通过串口和上位机进行通信，STM32F1 每秒向上位机发送计时时间秒数，同时接收上位机的当前秒数的设定（两位数字），当接收到上位机下发的修正秒数后，修改秒计时变量当前的值，并上发到上位机显示。

 ## 6.1 实验目的

1. 学习异步串口的数据收、发功能。
2. 掌握异步串口的波特率、停止位及收发参数配置。
3. 掌握串口中断收、发功能的实现。
4. 学习整数的 ASCII（American Standard Code for Information Interchange，美国信息交换标准代码）的分解方法，进行整数 ASCII 的拆解发送。

 ## 6.2 实验内容

本实验采用异步串口 2 的收、发功能，实现与上位机的通信。采用发送功能，实现每秒向上位机发送累计秒数；使用接收功能，进行当前累计秒数的设置修改。

▶▶ 6.2.1　STM32F1 串口简介 ▶▶ ▶

通用同步/异步串行收发器（Universal Synchronous/Asynchronous Receiver/Transmitte，USART），是一个全双工通用同步/异步串行收发模块，是高度灵活的串行通信接口设备。USART 收发模块一般分为三大部分：时钟发生器、数据发送器和数据接收器。USART 的控制寄存器为所有的模块共享。

串口作为 MCU 的重要外部接口，也是软件开发重要的调试手段，其重要性不言而喻。串口提供了一种灵活的方法来与使用工业标准 NRZ(Not Return to Zero，不归零码)异步串行数据格式的外设之间进行全双工数据交换。USART 利用分数波特率发生器提供宽范围的波特率选择，支持同步通信和半双工的单线通信，也支持本地互联网络(Local Interconnect Network，LIN)、智能卡协议和 IrDA(红外数据组织)SIR ENDEC 标准和调制解调器操作(CTS/RTS)。USART 允许多处理器通信，通过多缓冲配置的直接存储器访问(Direct Memory Access，DMA)可以进行高速的数据通信。任何 USART 双向通信都至少需要两个引脚，即接收数据输入(RX)和发送数据输出(TX)。

RX：接收数据输入。串行数据输入时，采用过采样技术来区分有效输入数据和噪声，从而恢复数据。

TX：发送数据输出。当发送器失能的时候，输出引脚恢复到 I/O 端口配置。当发送器使能并且没有数据要发送时，TX 引脚是高电平。在单线和智能卡模式，该 I/O 端口同时用于数据发送和接收(在 USART 层，在 SW_RX 上接收到数据)。

通过这些引脚，在正常 USART 模式下，串行数据作为帧发送和接收，包括以下内容或寄存器的设置。

(1)总线在发送或接收前应处于空闲状态。

(2)一个起始位。

(3)一个数据字(8 位或 9 位)，最低有效位在前 0.5、1、1.5、2 个停止位，由此表明数据帧的结束。

(4)使用分数波特率发生器——带 12 位整数和 4 位小数。

(5)一个状态寄存器(USART_SR)。

(6)数据寄存器(USART_DATA)。

(7)波特率寄存器(USART_BRR)——带 12 位整数和 4 位小数。

(8)智能卡模式下的保护时间寄存器(USART_GTPR)。

▶▶▶ 6.2.2　串口的库函数 ▶▶▶

使用外设前，必须先使能时钟，根据串口设置的时钟挂载位置，进行外设时钟使能。例如，对串口 2 进行外设时钟使能，代码如下：

```
RCC_APB1PeriphClockCmd(RCC_APB1Periph_USART2,ENABLE);
```

USART_Init( )函数是串口参数初始化函数。此函数的说明如表 6-1 所示。

表 6-1　USART_Init( )函数说明

函数名	USART_Init
函数原型	void　USART_Init (USART_TypeDef * USARTx，USART_InitTypeDef * USART_InitStruct)

续表

功能描述	根据 USART_InitStruct 中指定的参数初始化外设 USARTx 寄存器
输入参数 1	USARTx：x 可以是 1、2 或 3，用来选择 USART 外设
输入参数 2	USART_InitStruct：指向结构体 USART_InitTypeDef 的指针，包含了外设 USART 的配置信息。参考下文 USART_InitTypeDef 查阅更多该参数允许的取值范围
输出参数	无
返回值	无
先决条件	无
被调用函数	无

这个函数的第一个入口参数是指定初始化的串口标号，这里选择 USART2。第二个入口参数是一个 USART_InitTypeDef 类型的结构体指针，这个结构体指针的成员变量用来设置串口的一些参数，结构体定义如下：

```
typedef struct
{
    uint32_t USART_BaudRate;
    uint16_t USART_WordLength;
    uint16_t USART_StopBits;
    uint16_t USART_Parity;
    uint16_t USART_Mode;
    uint16_t USART_HardwareFlowControl;
} USART_InitTypeDef;
```

USART_BaudRate：设置 USART 传输的波特率。

USART_WordLength：提示在一个字节（Byte）中传输或接收到的数据位数。

USART_StopBits：定义发送的停止位数目。

USART_Parity：指定奇偶校验模式。

USART_Mode：指定使能或失能发送和接收模式。

USART_HardwareFlowControl：指定硬件流控制模式使能还是失能。

USART_SendData( )函数实现了把数据填充到 USAR_DR 寄存器并发送数据。其说明如表 6-2 所示。

表 6-2   USART_SendData( ) 函数说明

函数名	USART_SendData
函数原型	void USART_SendData(USART_TypeDef*USARTx, u8 Data)
功能描述	通过外设 USARTx 发送单个数据

输入参数1	USARTx：x 可以是 1、2 或 3，用来选择 USART 外设
输入参数2	Data：待发送的数据
输出参数	无
返回值	无
先决条件	无
被调用函数	无

USART_ReceiveData( )函数实现了从接收寄存器中读取串口接收到的数据。其说明如表 6-3 所示。

表 6-3　USART_ReceiveData( )函数说明

函数名	USART_ReceiveData
函数原型	u8 USART_ReceiveData(USART_TypeDef*USARTx)
功能描述	返回 USARTx 最近接收到的数据
输入参数	USARTx：x 可以是 1、2 或 3，用来选择 USART 外设
输出参数	无
返回值	接收到的数据
先决条件	无
被调用函数	无

USART_ITConfig( )函数实现了串口响应中断的开启。其说明如表 6-4 所示。

表 6-4　USART_ITConfig( )函数说明

函数名	USART_ITConfig
函数原型	void USART_ITConfig(USART_TypeDef*USARTx, u16 USART_IT, Functional-State NewState)
功能描述	使能或失能指定的 USART 中断
输入参数1	USARTx：x 可以是 1、2 或 3，用来选择 USART 外设
输入参数2	USART_IT：待使能或失能的 USART 中断源。参考下文 USART_IT 查阅更多该参数允许的取值范围
输入参数3	NewState：USARTx 中断的新状态。这个参数可以取 ENABLE 或 DISABLE
输出参数	无
返回值	无
先决条件	无
被调用函数	无

USART_IT 使能或失能 USART 的中断，可以取表 6-5 所示的一个或多个取值的组合作为该参数的值。

表 6-5　USART_IT 参数说明

USART_IT	描述
USART_IT_PE	奇偶错误中断
USART_IT_TXE	发送中断
USART_IT_TC	传输完成中断
USART_IT_RXNE	接收中断
USART_IT_IDLE	空闲总线中断
USART_IT_LBD	LIN 中断检测中断
USART_IT_CTS	CTS 中断
USART_IT_ERR	错误中断

▶▶▶ 6.2.3　蓝桥杯串口原理图 ▶▶▶ ▶

蓝桥杯开发板中的串口 2，是由仿真口的 USB 接口转换接入的，经过 FT2232D 芯片转换成 JTAG 及串口，如图 6-1 所示。

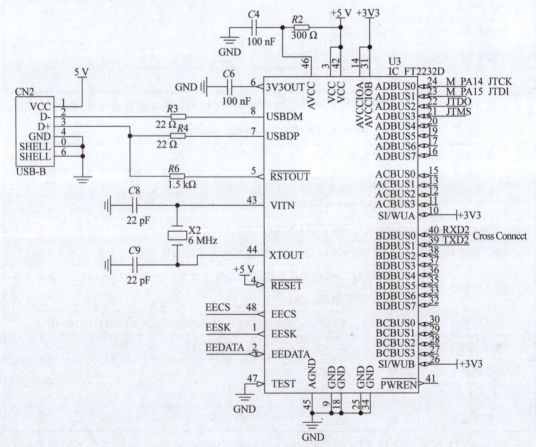

图 6-1　USB 转串口原理图

转换出来的串口 2，经过 J1、J2 插头的短接帽进行短接，最后与 MCU 的 PA2、PA3 进行连接。要注意外设的 GPIO 端口的复用功能的选择。

▶▶ 6.2.4 软件程序设计 ▶▶ ▶

经过前面的介绍，对于 I/O 端口的复用功能，首先要使能 GPIO 时钟，然后使能复用功能时钟，同时要把 GPIO 模式设置为复用功能对应模式。这些准备工作做完之后，剩下的当然是串口参数的初始化设置，包括波特率、停止位等参数的初始化设置。在设置完成后，接下来就是使能串口。同时，如果开启了串口的接收中断，当然要初始化 NVIC 设置中断优先级别，最后编写中断服务函数。

串行设置的一般步骤如下。

(1)串口时钟使能，GPIO 时钟使能。

(2)串口复位。

(3)GPIO 端口模式设置。

(4)串口参数初始化。

(5)开启中断并且初始化 NVIC(如果需要开启中断，那么就需要这个步骤)。

(6)使能串口。

(7)编写中断处理函数(只有开启了串口中断，才需要这个步骤)。

下面介绍关键的程序，首先完成串口时钟及所使用的 GPIO 端口的初始化，参考程序如下：

```
RCC_APB2PeriphClockCmd(RCC_APB2Periph_GPIOA,ENABLE);

RCC_APB1PeriphClockCmd(RCC_APB1Periph_USART2,ENABLE);

GPIO_InitStruct.GPIO_Pin=GPIO_Pin_2;

GPIO_InitStruct.GPIO_Speed=GPIO_Speed_50MHz;

GPIO_InitStruct.GPIO_Mode=GPIO_Mode_AF_PP;

GPIO_Init(GPIOA,&GPIO_InitStruct);

GPIO_InitStruct.GPIO_Pin=GPIO_Pin_3;

GPIO_InitStruct.GPIO_Mode=GPIO_Mode_IN_FLOATING;

GPIO_Init(GPIOA,&GPIO_InitStruct);
```

接着完成串口的参数配置初始化，参考程序如下：

```
USART_InitStruct.USART_BaudRate=ulBaud;

USART_InitStruct.USART_WordLength=USART_WordLength_8b;

USART_InitStruct.USART_StopBits=USART_StopBits_1;

USART_InitStruct.USART_Parity=USART_Parity_No;

USART_InitStruct.USART_Mode=USART_Mode_Rx | USART_Mode_Tx;
```

```
USART_InitStruct.USART_HardwareFlowControl=USART_HardwareFlowControl_None;
USART_Init(USART2,&USART_InitStruct);
```

使能串口，程序如下：

```
USART_Cmd(USART2,ENABLE);
```

完成接收中断配置，使能串口的接收中断功能，参考程序如下：

```
USART_ITConfig(USART2,USART_IT_RXNE,ENABLE);
NVIC_InitStruct.NVIC_IRQChannel=USART2_IRQn;
NVIC_InitStruct.NVIC_IRQChannelPreemptionPriority=0;
NVIC_InitStruct.NVIC_IRQChannelSubPriority=0;
NVIC_InitStruct.NVIC_IRQChannelCmd=ENABLE;
NVIC_Init(&NVIC_InitStruct);
```

在完成初始化所有配置之后，因为使能了串口的接收中断功能，所以还需要完善接收中断处理程序，这里只是简单地进行2位数值的读取，并没有在中断过程中进行接收中断的检测及完成功能后的接收中断标志位的清除，简单示例程序如下：

```
void USART2_IRQHandler(void)
{
    pucRcv[ucRno++]=USART_ReceiveData(USART2);
}
```

接着完善发送字符函数，使用发送数据标准固件库的函数；首先判断发送缓存区是否为空，如果为空，则调用标准库中的发送数据函数，示例程序如下：

```
unsigned char USART_SendChar(USART_TypeDef*USARTx,unsigned char ucChar)
{
    while(!USART_GetFlagStatus(USARTx,USART_FLAG_TXE));
    USART_SendData(USARTx,ucChar);
    return ucChar;
}
```

借用发送字符函数，还可再次包装，进行发送字符串函数的编写，示例程序如下：

```
void USART_SendString(USART_TypeDef*USARTx,unsigned char*pucStr)
{
    while(*pucStr != '\0' )
    USART_SendChar(USARTx,*pucStr++);
}
```

当然也可使用查询的方式，进行串口数据的接收，当检测到串口接收缓存区存在数据时，进行串口数据的读取，示例程序如下：

```
unsigned char USART_ReceiveChar_NonBlocking(USART_TypeDef*USARTx)
{
    if(USART_GetFlagStatus(USARTx,USART_FLAG_RXNE))
    return USART_ReceiveData(USARTx);
    else
    return 0;
}
```

最后是主程序的实现，在主程序中，使用前面实验介绍过的滴答定时器，进行秒计时，然后在每秒进行秒数据的发送，在发送时注意把数值转化为 ASCII 后发送；同时可接收上位机的 2 位数数值，进行当前计时秒的修改。关键程序如下：

```
if(ucSec != ucSec1)
{
    ucSec1=ucSec;
    USART_SendChar(USART2,ucSec/10+0x30);
    USART_SendChar(USART2,ucSec%10+0x30);
    USART_SendChar(USART2,' ');
}
if(ucRno==5)
{
    ucRno=3;
    ucSec=(pucRcv[3]-'0')*10+pucRcv[4]-'0';
}
```

根据以上的介绍，请读者自行完成工程项目程序的编写，根据要求实现秒计时，并且在每秒把秒数经过串口2发送到上位机显示；同时上位机可发送2位数的数据给开发板，开发板接收到数据后，能修改当前的秒计时变量。程序编写好后，经过编译下载到开发板上进行调试。

▶▶▶ 6.2.5　串口调试助手介绍 ▶▶▶

因为在 PC 中要能接收开发板上传的数据，并且要求上位机能发送数据到开发板。因此，在 PC 中将使用串口调试助手，进行功能的实现。

在串口调试助手中，串口的波特率及数据位和停止位的设置，要与开发板中串口参数的配置一致，配置好串口调试助手后，打开串口，可看到图 6-2 所示的界面，每秒上传当前的秒计数值。

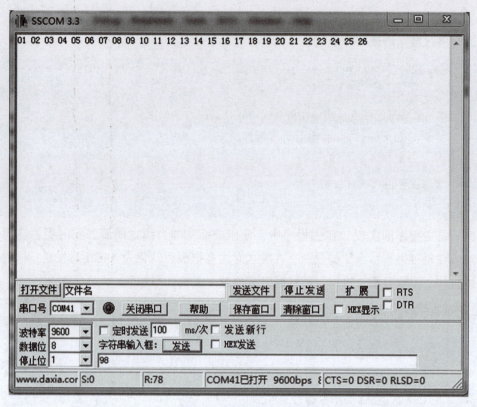

图6-2　串口调试助手界面

经过上面的调试后，可确定达到了所需的功能要求。串口接收使用了中断的方式，在每秒进行秒计数值的串口发送。

 ## 6.3　实验要求

1. 完成实验任务的程序编写，实现实验任务的功能。
2. 熟练掌握串口参数的配置。
3. 掌握串口中断功能的应用。
4. 掌握数值转换为 ASCII 的方法，能进行 ASCII 与数据的相互转化。
5. 试着完成一帧数据的接收及字符串的发送。
6. 试着修改串口发送字符秒数；如果改为字符串的方式，将如何实现？

实验 7
定时器定时功能

本实验将介绍如何使用 STM32F1 的通用定时器。STM32F1 的定时器的功能十分强大，有 TIM1 和 TIM8 等高级定时器，也有 TIM2~TIM5 等通用定时器，还有 TIM6 和 TIM7 等基本定时器。定时器在芯片参考手册中的介绍占了 1/5 的篇幅，足见其重要性。本实验任务是实现 1 s 精准延时处理，进行 LED1 状态切换。

 ## 7.1　实验目的

1. 掌握 STM32F1 系列的定时实现方法。
2. 熟悉定时器的参数配置。
3. 掌握定时器的定时时间的计算方式。
4. 熟悉加长延时的方法。

 ## 7.2　实验内容

本实验使用定时器 2(TIM2) 的定时功能，实现 1 s 的定时，使程序每秒钟进行 LED1 状态置反控制。

▶▶▍7.2.1　STM32 的通用定时器 ▶▶▶

STM32F1 的通用定时器由一个通过可编程预分频器驱动的 16 位自动装载计数器构成。这些定时器适用于多种场合，经典应用包括测量输入信号的脉冲宽度(输入捕获)或产生输出波形(输出比较和 PWM)。使用定时器预分频器和 RCC(系统时钟)控制器预分频器，可以在几微秒到几毫秒间任意调整脉冲宽度和波形周期。STM32 的每个通用定时器都是完全独立的，没有互相共享的资源。

STM32F1 的通用定时器 TIMx 的特点有以下几个。

（1）具有 16 位向上、向下、向上/向下自动装载计数器（TIMx_CNT）。

（2）具有 16 位可编程（可以实时修改）预分频器（TIMx_PSC），计数器时钟频率的分频系数为 1~65 535。

（3）具有 4 个独立通道（TIMx_CH1~TIMx_CH4），这些通道可以用来作为：输入捕获、输出比较、脉冲宽度调制（Pulse Width Modulation，PWM）生成（边缘或中间对齐模式）、单脉冲模式输出。

（4）可使用外部信号（TIMx_ETR）控制定时器和定时器互连（可以用一个定时器控制另外一个定时器）的同步电路。

（5）以下事件发生时产生 DMA 中断。

①更新：计数器向上溢出/向下溢出，计数器初始化（通过软件或内部/外部触发）。

②触发事件（计数器启动、停止、初始化或由内部/外部触发计数）。

③输入捕获。

④输出比较。

⑤支持针对定位的增量（正交）编码器和霍尔传感器电路。

⑥触发输入作为外部时钟或按周期的电流管理。

▶▶▶ 7.2.2 通用定时器的库函数 ▶▶▶ ▶

使用通用定时器，可以产生中断。本实验需应用标准库函数，使用定时器产生中断，然后在中断服务函数里进行秒变量累加，当到达 1 s 时，进行 LED1 状态反转。在这里使用 TIM2 达到所需的功能。

定时器参数设置函数 TIM_TimeBaseInit（）：进行定时器参数的初始化，其说明如表 7-1 所示。

表 7-1　TIM_TimeBaseInit（）函数说明

函数名	TIM_TimeBaseInit
函数原型	void TIM_TimeBaseInit（TIM_TypeDef＊TIMx，TIM_TimeBaseInitTypeDef＊TIM_TimeBaseInitStruct）
功能描述	根据 TIM_TimeBaseInitStruct 中指定的参数初始化 TIMx 的时间基数单位
输入参数 1	TIMx：x 可以是 2、3 或 4，用来选择 TIM 外设
输入参数 2	TIM_TimeBaseInitStruct：指向结构体 TIM_TimeBaseInitTypeDef 的指针，包含了 TIMx 时间基数单位的配置信息。参考下文 TIM_TimeBaseInitTypeDef 查阅更多该参数允许的取值范围
输出参数	无
返回值	无
先决条件	无
被调用函数	无

定时器的参数定义如下：

```
typedef struct
{
    uint16_t TIM_Prescaler;
    uint16_t TIM_CounterMode;
    uint16_t TIM_Period;
    uint16_t TIM_ClockDivision;
    uint8_t TIM_RepetitionCounter;
} TIM_TimeBaseInitTypeDef;
```

TIM_Prescaler：设置用来作为 TIMx 时钟频率除数的预分频值。它的取值必须为 0x0000～0xFFFF。

TIM_CounterMode：选择计数器模式。

TIM_Period：设置在下一个更新事件装入活动的自动重装载寄存器周期的值。它的取值必为 0x0000～0xFFFF。

TIM_ClockDivision：设置时钟分割。

TIM_RepetitionCounter：高级定时器才有用，这里不做过多解释。

设置定时器中断函数 TIM_ITConfig()：可进行中断事件的使能或失能，其说明如表 7-2 所示。

表 7-2　TIM_ITConfig( )函数说明

函数名	TIM_ITConfig
函数原型	void TIM_ITConfig（TIM_TypeDef * TIMx，u16 TIM_IT，FunctionalState NewState）
功能描述	使能或失能指定的 TIM 中断
输入参数 1	TIMx：x 可以是 2、3 或 4，用来选择 TIM 外设
输入参数 2	TIM_IT：待使能或失能的 TIM 中断源。参考下文 TIM_IT 查阅更多该参数允许的取值范围
输入参数 3	NewState：TIMx 中断的新状态。这个参数可以取 ENABLE 或 DISABLE
输出参数	无
返回值	无
先决条件	无
被调用函数	无

TIM_IT 输入参数是使能或失能 TIM 的中断，可以取表 7-3 所示的一个或多个取值的组合作为该参数的值。

表 7-3　TIM_IT 参数说明

TIM_IT	描述
TIM_IT_Update	TIM 中断源
TIM_IT_CC1	TIM 捕获/比较 1 中断源
TIM_IT_CC2	TIM 捕获/比较 2 中断源
TIM_IT_CC3	TIM 捕获/比较 3 中断源
TIM_IT_CC4	TIM 捕获/比较 4 中断源
TIM_IT_Trigger	TIM 触发中断源

TIM_Cmd( )函数的作用是进行 TIM 的使能，其说明如表 7-4 所示。

表 7-4　TIM_Cmd( )函数说明

函数名	TIM_Cmd
函数原型	void TIM_Cmd(TIM_TypeDef*TIMx，FunctionalState NewState)
功能描述	使能或失能 TIMx 外设
输入参数 1	TIMx：x 可以是 2、3 或 4，用来选择 TIM 外设
输入参数 2	NewState：外设 TIMx 的新状态。这个参数可以取 ENABLE 或 DISABLE
输出参数	无
返回值	无
先决条件	无
被调用函数	无

TIM_GetITStatus( )函数的作用是取得中断的状态，其说明如表 7-5 所示。

表 7-5　TIM_GetITStatus( )函数说明

函数名	TIM_GetITStatus
函数原型	ITStatus TIM_GetITStatus(TIM_TypeDef*TIMx，u16 TIM_IT)
功能描述	检查指定的 TIM 中断发生与否
输入参数 1	TIMx：x 可以是 2、3 或 4，用来选择 TIM 外设
输入参数 2	TIM_IT：待检查的 TIM 中断源。参考表 7-3 中的 TIM_IT 查阅更多该参数允许的取值范围
输出参数	无
返回值	无
先决条件	无
被调用函数	无

TIM_ClearITPendingBit( )函数的作用是清除中断待处理位，其说明如表 7-6 所示。

表 7-6 **TIM_ClearITPendingBit( )函数说明**

函数名	TIM_ClearITPendingBit
函数原型	void TIM_ClearITPendingBit(TIM_TypeDef*TIMx，u16 TIM_IT)
功能描述	清除 TIMx 的中断待处理位
输入参数 1	TIMx：x 可以是 2、3 或 4，用来选择 TIM 外设
输入参数 2	TIM_IT：待检查的 TIM 中断待处理位。参考表 7-3 中的 TIM_IT 查阅更多该参数允许的取值范围
输出参数	无
返回值	无
先决条件	无
被调用函数	无

▶▶|7.2.3 通用定时器的定时时间计算 ▶▶ ▶

TIM2~TIM5 的时钟频率 TIMCLK 是 72 MHz(时钟周期是 13.89 ns)，经过 16 位预分频后的最低频率和最长周期分别为

$$72 \text{ MHz}/65\ 536 = 1\ 099 \text{ Hz}$$

$$65\ 536/72 \text{ MHz} = 910.22\ \mu s$$

再经过 16 位计数器分频后的最低频率和最长周期分别为

$$1\ 099 \text{ Hz}/65\ 536 = 16.77 \text{ MHz}$$

$$65\ 536/1\ 099 \text{ Hz} = 59.63 \text{ s}$$

TIM 初始化时的主要工作是确定预分频值和周期值，对于单个通道，预分频值和周期值分别为(分频值=时钟频率/输出频率)

$$\text{Int}(分频值/65\ 536) < 预分频值 \leq \min(分频值/)$$

$$周期值 = 分频值/预分频值$$

根据推算可知，本实验要求产生 1 s 的延时，这里不直接使用定时器实现，而是运用 TIM2 产生 1 ms 延时，并利用一变量进行毫秒累加，直到 1 s 到达后，再进行相应的功能实现，学习中断定时更长时间的实现方式。

▶▶|7.2.4 软件程序设计 ▶▶ ▶

为了实现 1 s 进行一次 LED1 状态的切换，除进行 LED 端口时钟使能外，对定时器外部资源时钟也要进行使能，参考程序如下：

```
RCC_APB1PeriphClockCmd(RCC_APB1Periph_TIM2,ENABLE);
```

接着初始化定时器参数，设置自动重装载寄存器周期的值、分频系数、计数方式等。这里设置 TIM2 每 1 ms 产生一次定时中断，参考程序如下：

```
TIM_TimeBaseInitStruct.TIM_Prescaler=(72-1);

TIM_TimeBaseInitStruct.TIM_CounterMode=TIM_CounterMode_Up;

TIM_TimeBaseInitStruct.TIM_Period=(1000-1);//(36000-1);

TIM_TimeBaseInitStruct.TIM_ClockDivision=TIM_CKD_DIV1;

TIM_TimeBaseInit(TIM2,&TIM_TimeBaseInitStruct);
```

在这里，使能定时中断，使每到达设定值时，产生更新中断。在此要设置中断的优先级及中断的通道等，参考程序如下：

```
TIM_ClearFlag(TIM2,TIM_FLAG_Update);

TIM_ITConfig(TIM2,TIM_IT_Update,ENABLE);

NVIC_InitStructure.NVIC_IRQChannel=TIM2_IRQn;

NVIC_InitStructure.NVIC_IRQChannelPreemptionPriority=0;

NVIC_InitStructure.NVIC_IRQChannelSubPriority=1;

NVIC_InitStructure.NVIC_IRQChannelCmd=ENABLE;

NVIC_Init(&NVIC_InitStructure);
```

最后不要忘了进行定时器工作使能：

```
TIM_Cmd(TIM2,ENABLE);
```

在定时器中断服务函数内，进行中断标志判断；并使其到达 1 s 后，进行相应功能处理，参考程序如下：

```
if(TIM_GetITStatus(TIM2,TIM_IT_Update)!=RESET)
{
    if(ucSec<1000)
    {
        ucSec++;
    }
    else
    {
        ucLed ^=0x01;
        ucSec=0;
    }
    TIM_ClearITPendingBit(TIM2,TIM_IT_Update);
}
```

请读者自行完善工程项目程序，最终进行编译，程序编译无错误后，将其下载到开发板上进行调试，达到每秒能使 LED1 状态反转。

7.3 实验要求

1. 完成实验任务的程序编写，实现实验任务的功能。
2. 掌握定时器的定时功能参数的设置。
3. 掌握定时器的预分频值及周期值的计算，熟悉两值的取值范围。
4. 实现准确的定时功能，达到定时延时要求。
5. 熟练掌握准确延时时间的参数值的设置。

实验 8
定时器 PWM 功能

本实验将介绍如何使用 STM32F1 的 TIM2 来产生 PWM 输出。在本实验中，将使用 TIM2 的通道 2(CH2)，产生占空比为 25%、周期为 1 ms 的控制信号。

 ## 8.1　实验目的

1. 掌握 STM32F1 系列的 PWM 的实现方法。
2. 了解 PWM 的意义。
3. 熟练掌握定时周期的产生及占空比的调节。
4. 掌握进行 PWM 波的引脚输出。

 ## 8.2　实验内容

本实验采用 TIM2 的 PWM 输出功能，实现输出频率为 1 kHz(周期为 1 ms)、占空比为 25% 的波形。

▶▶▶ 8.2.1　PWM 简介 ▶▶▶

脉冲宽度调制(PWM)，简称脉宽调制，是利用微处理器的数字输出来对模拟电路进行控制的一种非常有效的技术。简单来说，PWM 就是对脉冲宽度的控制。

STM32 的定时器除了 TIM6 和 TIM7，其他定时器都可以用来产生 PWM 输出。其中，高级定时器 TIM1 和 TIM8 可以同时产生多达 7 路的 PWM 输出，而通用定时器也能同时产生多达 4 路的 PWM 输出。这样，STM32 最多可以同时产生 30 路的 PWM 输出。这里仅利用 TIM2 的 CH2 产生一路的 PWM 输出。如果要产生多路输出，则根据本实验代码稍作修改即可。

同样，首先通过对 PWM 相关寄存器的理论课程进行学习，在了解了定时器 TIM2 的 PWM 原理之后，再深入学习怎么使用库函数产生 PWM 输出。

要使 STM32 的通用定时器 TIMx 产生 PWM 输出，除了前一个实验中所用到的库函数，再学习以下几个相关库函数，来控制 PWM 输出。

▶▶ | 8.2.2 PWM 相关库函数 ▶▶▶

TIM_OCxInit( ) 函数进行 PWM 通道设置，根据通道位置的不同(x 的取值范围为 1~4)来进行设置，不同通道的设置函数不一样，本实验使用的是通道 2，所以使用 TIM_OC2Init( ) 函数，其说明如表 8-1 所示。

表 8-1 TIM_OC2Init( ) 函数说明

函数名	TIM_OC2Init
函数原型	void TIM_OC2Init(TIM1_OCInitTypeDef*TIM1_OCInitStruct)
功能描述	根据 TIM1_OCInitStruct 中指定的参数初始化 TIM1 的通道 2
输入参数	TIM1_OCInitStruce：指向结构体 TIM1_OCInitTypeDef 的指针，包含了 TIM1 时间基数单位的配置信息。参考下文 TIM_OCInitTypeDef 查阅更多该参数允许的取值范围
输出参数	无
返回值	无
先决条件	无
被调用函数	无

其中，参数初始化的结构体定义如下：

```
typedef struct
{
    uint16_t TIM_OCMode;
    uint16_t TIM_OutputState;
    uint16_t TIM_OutputNState;
    uint16_t TIM_Pulse;
    uint16_t TIM_OCPolarity;
    uint16_t TIM_OCNPolarity;
    uint16_t TIM_OCIdleState;
    uint16_t TIM_OCNIdleState;
} TIM_OCInitTypeDef;
```

TIM_OCMode：设置定时器模式，其说明如表 8-2 所示。

表 8-2 TIM_OCMode 参数说明

TIM_OCMode	描述
TIM_OCMode_Timing	TIM 输出比较时间模式
TIM_OCMode_Active	TIM 输出比较主动模式

续表

TIM_OCMode	描述
TIM_OCMode_Inactive	TIM 输出比较非主动模式
TIM_OCMode_Toggle	TIM 输出比较触发模式
TIM_OCMode_PWM1	TIM 脉冲宽度调制模式 1
TIM_OCMode_PWM2	TIM 脉冲宽度调制模式 2

TIM_Pulse：设置待装入捕获比较寄存器的脉冲值，取值必须为 0x0000~0xFFFF。

TIM_OutputState：设置比较输出使能，也就是使能 PWM 输出到端口。

TIM_OCPolarity：设置极性是高还是低。

其他参数即 TIM_OutputNState、TIM_OCNPolarity、TIM_OCIdleState、TIM_OCNIdleState 是高级定时器 TIM1 和 TIM8 才会用到的。

TIM_OC2PreloadConfig() 函数的作用是使能或失能 TIMx 在 CCR2(捕获比较寄存器 2) 上的预装载寄存器，其说明如表 8-3 所示。

表 8-3　TIM_OC2PreloadConfig() 函数说明

函数名	TIM_OC2PreloadConfig
函数原型	void TIM_OC2PreloadConfig(TIM_TypeDef*TIMx, u16 TIM_OCPreload)
功能描述	使能或失能 TIMx 在 CCR2 上的预装载寄存器
输入参数 1	TIMx：x 可以是 2、3 或 4，用来选择 TIM 外设
输入参数 2	TIM_OCPreload：输出比较预装载状态
输出参数	无
返回值	无
先决条件	无
被调用函数	无

TIM_SetCompare2() 函数的作用是修改 TIM_CCR2 来控制占空比，其说明如表 8-4 所示。

表 8-4　TIM_SetCompare2() 库函数说明

函数名	TIM_SetCompare2
函数原型	void TIM_SetCompare2(TIM_TypeDef*TIMx, u16 Compare2)
功能描述	设置 TIMx 捕获比较寄存器 2 的值
输入参数 1	TIMx：x 可以是 2、3 或 4，用来选择 TIM 外设
输入参数 2	Compare2：捕获比较寄存器 2 的新值
输出参数	无
返回值	无

续表

先决条件	无
被调用函数	无

通过以上 PWM 库函数的介绍，加上实验 7 中介绍的库函数，就可进行 PWM 波形占空比的设置了。

▶▶ 8.2.3　软件程序设计 ▶▶ ▶

首先，进行外设时钟的使能，包括 GPIO 端口及定时器时钟的使能，代码如下：

```
RCC_APB2PeriphClockCmd(RCC_APB2Periph_GPIOA,ENABLE);
RCC_APB1PeriphClockCmd(RCC_APB1Periph_TIM2,ENABLE);
```

其次，进行输出端口的配置，因为 TIM2 的通道 2 的输出引脚为 PA1，所以配置输出端口的参考程序如下：

```
GPIO_InitStruct.GPIO_Pin=GPIO_Pin_1;
GPIO_InitStruct.GPIO_Speed=GPIO_Speed_50MHz;
GPIO_InitStruct.GPIO_Mode=GPIO_Mode_AF_PP;
GPIO_Init(GPIOA,&GPIO_InitStruct);
```

因为输出的定时器的周期为 1 ms，所以进行定时器参数设置的参考程序如下：

```
TIM_TimeBaseInitStruct.TIM_Prescaler=(72-1);
TIM_TimeBaseInitStruct.TIM_CounterMode=TIM_CounterMode_Up;
TIM_TimeBaseInitStruct.TIM_Period=(1000-1);
TIM_TimeBaseInitStruct.TIM_ClockDivision=TIM_CKD_DIV1;
TIM_TimeBaseInit(TIM2,&TIM_TimeBaseInitStruct);
```

再次，进行 PWM 波形的占空比输出，使用通道 2 进行占空比输出，并最终进行输出 PWM 波使能，参考程序如下：

```
TIM_OCInitStruct.TIM_OCMode=TIM_OCMode_PWM1;
TIM_OCInitStruct.TIM_OutputState=TIM_OutputState_Enable;
TIM_OCInitStruct.TIM_Pulse=250;
TIM_OCInitStruct.TIM_OCPolarity=TIM_OCPolarity_High;
TIM_OC2Init(TIM2,&TIM_OCInitStruct);
TIM_OC2PreloadConfig(TIM2,TIM_OCPreload_Enable);
```

最后，只需进行 TIM2 定时器的使能，就能在通道 2 端口进行波形输出。其他程序略，请读者自行完善工程项目程序。

程序编译无错误后，使用软件仿真，进行 PWM 波形输出查看，如图 8-1 所示。

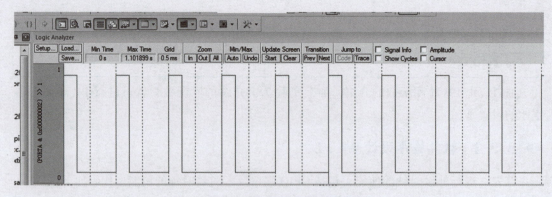

图 8-1   PWM 波形仿真效果

从上面的仿真波形可看出，其是输出频率为 1 kHz、占空比为 25% 的 PWM 波形。

8.3   实验要求

1. 完成实验任务的程序编写，实现实验任务的功能。
2. 掌握输出占空比的设置。
3. 根据介绍的占空比调节参数，自行修改程序完成占空比的调节。
4. 熟练掌握定时器比较输出通道实现方法与硬件的接口识读能力。

实验 9
内部 RTC

本实验将介绍 STM32F1 的内部 RTC。在本实验中，将利用液晶显示屏（Liquid Crystal Display，LCD）来显示日期和时间，实现一个简单的时钟。

 ## 9.1　实验目的

1. 掌握 RTC 的运用。
2. 掌握 RTC 日期、时间的设置。
3. 掌握 RTC 日期、时间的获取。
4. 熟悉 RTC 的寄存器及库函数的作用。

 ## 9.2　实验内容

本实验进行 RTC 控制，要求进行当前日期和时间的显示，并能进行日期与时间的设置及修改。

▶▶▶ 9.2.1　STM32F1 RTC 简介 ▶▶▶

STM32 的 RTC 是一个独立的定时器。STM32 的 RTC 模块拥有一组连续计数的计数器，在相应软件配置下，可提供时钟日历的功能。修改计数器的值可以重新设置系统当前的时间和日期。

RTC 模块和时钟配置系统（RCC_BDCR 寄存器）在后备区域（Backup Register，BKP），即在系统复位或从待机模式唤醒后 RTC 的设置和时间维持不变。但是，在系统复位后，其会自动禁止访问后备寄存器和 RTC，以防止对 BKP 的意外写操作。因此，在设置时间之前，首先要取消 BKP 写保护。RTC 的简化框图如图 9-1 所示。

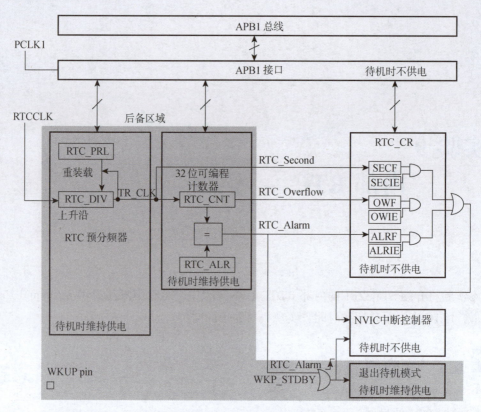

图 9-1　RTC 的简化框图

RTC 由两个主要部分组成，第一部分（APB1 接口）用来和 APB1 总线相连。此部分还包含一组 16 位寄存器，可通过 APB1 总线对其进行读/写操作。APB1 接口由 APB1 总线时钟驱动，用来与 APB1 总线连接。

第二部分（RTC 内核）由一组可编程计数器组成，分成两个主要模块。第一个模块是 RTC 的预分频模块，它可编程产生 1 s 的 RTC 时间基准 TR_CLK。RTC 的预分频模块包含了一个 20 位的可编程分频器（RTC 预分频器）。若在 RTC_CR 寄存器中设置了相应的允许位，则在每个 TR_CLK 周期中 RTC 会产生一个中断（秒中断）。第二个模块是一个 32 位的可编程计数器，可被初始化为当前的系统时间。一个 32 位的时钟计数器，按秒计算，可以记录 4 294 967 296 s，约合 136 年，作为一般应用，这已经足够了。

RTC 还有一个闹钟寄存器 RTC_ALR，用于产生闹钟。系统时间按 TR_CLK 周期累加并与存储在 RTC_ALR 寄存器中的可编程时间相比较，如果 RTC_CR 控制寄存器中设置了相应允许位，那么比较匹配时将产生一个闹钟中断。

RTC 内核完全独立于 RTC_APB1 接口，软件是通过 APB1 接口访问 RTC 的预分频值、计数器值和闹钟值的，但是相关可读寄存器只在 RTC_APB1 时钟进行重新同步的 RTC 时钟的上升沿被更新。RTC 标志也是如此。这就意味着，如果 APB1 接口刚刚被开启之后，在第一次的内部寄存器更新之前，从 APB1 接口上读取的 RTC 寄存器值可能被破坏了（通常读到 0)。因此, 若要读取 RTC 寄存器曾经被禁止的 RTC_APB1 接口, 软件首先必须等待 RTC_CRL 寄存器的 RSF 位(寄存器同步标志位, bit3)被硬件置 1。

▶▶▶ 9.2.2 RTC 使用到的库函数介绍 ▶▶▶

PWR_BackupAccessCmd( )函数如果要向 BKP 写入数据, 那么就要首先取消 BKP 写保护(写保护在每次硬件复位之后被使能), 否则是无法向 BKP 写入数据的。需要向 BKP 写入一个字节, 来标记时钟已经配置过了, 这样避免每次复位之后重新配置时钟。PWR_BackupAccessCmd( )函数说明如表 9-1 所示。

表 9-1 PWR_BackupAccessCmd( )函数说明

函数名	PWR_BackupAccessCmd
函数原型	void PWR_BackupAccessCmd(FunctionalState NewState)
功能描述	使能或失能 RTC 和后备寄存器访问
输入参数	NewState:RTC 和后备寄存器访问的新状态。这个参数可以取 ENABLE 或 DISABLE
输出参数	无
返回值	无
先决条件	无
被调用函数	无

PWR_DeInit( ):在取消 BKP 写保护之后, 就可以先对这个区域进行复位, 以清除前面的设置, 当然这个操作不要每次都执行, 因为 BKP 的复位将导致之前存在的数据丢失, 所以是否复位, 要看情况而定。

RCC_LSEConfig( ):使能外部低速振荡器, 需要先判断 RCC_BDCR 的 LSERDY 位来确定低速振荡器已经就绪了才开始后面的操作。RCC_LSEConfig( )函数说明如表 9-2 所示。

表 9-2 RCC_LSEConfig( )函数说明

函数名	PCC_LSEConfig
函数原型	void PCC_LSEConfig(u32 RCC_LSE)
功能描述	设置外部低速晶振(LSE)
输入参数	RCC_LSE:LSE 的新状态。参考下文 RCC_LSE 查阅更多该参数允许的取值范围
输出参数	无
返回值	无
先决条件	无
被调用函数	无

此函数可设置 LSE 的状态，RTC_LSE 参数说明如表 9-3 所示。

表 9-3　RTC_LSE 参数说明

RCC_LSE	描述
RCC_LSE_OFF	LSE 关闭
RCC_LSE_ON	LSE 开启
RCC_LSE_Bypass	LSE 被外部时钟旁路

RTC 时钟的选择，还有 RCC_RTCCLKSource_LSI 和 RCC_RTCCLKSource_LSH_Div128 两个，顾名思义，前者为 LSI，后者为 HSE 的 128 分频，使能 RTC 时钟函数的代码如下：

```
RCC_RTCCLKCmd(ENABLE);
```

RTC_EnterConfigMode()：允许进行 RTC 配置，在进行 RTC 配置之前首先要打开允许位。RTC_EnterConfigMode()函数说明如表 9-4 所示。

表 9-4　RTC_EnterConfigMode()函数说明

函数名	RTC_EnterConfigMode
函数原型	void RTC_EnterConfigMode(void)
功能描述	进入 RTC 配置模式
输入参数	无
输出参数	无
返回值	无
先决条件	无
被调用函数	无

RTC_ExitConfigMode()：退出 RTC 配置模式。前面进行了 RTC 配置使能，在 RTC 配置完成之后，一定要记得更新 RTC 配置的同时退出 RTC 配置模式。

RTC_SetPrescaler()：进行 RTC 的时钟分频数的设置。

本实验需要进行秒中断使能，允许 RTC 每秒进行中断读取，使用的函数为 RTC_IT-Config()，其说明如表 9-5 所示。

表 9-5　RCC_ITConfig()函数说明

函数名	RTC_ITConfig
函数原型	void RTC_ITConfig(u16 RTC_IT，FunctionalState NewState)
功能描述	使能或失能指定的 RTC 中断
输入参数 1	RTC_IT：待使能或失能的 RTC 中断源。参考下文 RTC_IT 查阅更多该参数允许的取值范围
输入参数 2	NewState：RTC 中断的新状态。这个参数可以取 ENABLE 或 DISABLE

输出参数	无
返回值	无
先决条件	在使用本函数前必须先调用 RTC_WaitForLastTask( )函数，等待标志位 RTOFF 被设置
被调用函数	无

RTC_IT 参数说明如表 9-6 所示。

表 9-6　RTC_IT 参数说明

RTC_IT	描述
RTC_IT_OW	溢出中断使能
RTC_IT_ALR	闹钟中断使能
RTC_IT_SEC	秒中断使能

RTC_SetCounter( )：设置 RTC 计数值，进行时间设置，实际上就是设置 RTC 的计数值，时间与计数值之间是需要换算的。此函数的功能进行计数换算，其说明如表 9-7 所示。

表 9-7　RTC_SetCounter( )函数说明

函数名	RTC_SetCounter
函数原型	void RTC_SetCounter(u32 CounterValue)
功能描述	设置 RTC 计数值
输入参数	CounterValue：新的 RTC 计数值
输出参数	无
返回值	无
先决条件	在使用本函数前必须先调用 RTC_WaitForLastTask( )函数，等待标志位 RTOFF 被设置
被调用函数	RTC_EnierConfigMode( ) RTC_ExitConfigMode( )

▶▶▶ 9.2.3　软件程序设计 ▶▶▶

这里为了简化 RTC 实验的功能，主要实现初始化 RTC 时钟，使 LCD 上显示当前的年、月、日、时、分、秒参数；使用串口，能查询当前的时间；能对参数的初始时间进行设置，更改日期时间值。注意，这里为了简单处理，把重点放在 RTC 的实现上，删减了时钟初始化的标志备份功能。为了实现 RTC 功能，首先进行 RTC 初始化，参考程序如下：

```
RCC_APB1PeriphClockCmd(RCC_APB1Periph_PWR | RCC_APB1Periph_BKP,ENABLE);

PWR_BackupAccessCmd(ENABLE);                //使能后备寄存器访问

BKP_DeInit();

RCC_LSICmd(ENABLE);

while(RCC_GetFlagStatus(RCC_FLAG_LSIRDY)==RESET)    {}

RCC_RTCCLKConfig(RCC_RTCCLKSource_LSI);

RCC_RTCCLKCmd(ENABLE);                      //使能 RTC

RTC_WaitForLastTask();                      //等待最近一次对 RTC 寄存器的写操作完成

RTC_WaitForSynchro();                       //等待 RTC 寄存器同步

RTC_ITConfig(RTC_IT_SEC,ENABLE);            //使能 RTC 秒中断

RTC_WaitForLastTask();                      //等待最近一次对 RTC 寄存器的写操作完成

RTC_EnterConfigMode();                      // 允许配置

RTC_SetPrescaler(39999);                    //设置 RTC 预分频值:晶振/(分频值+1)

RTC_WaitForLastTask();                      //等待最近一次对 RTC 寄存器的写操作完成

RTC_Set(2021,2,25,9,10,1);                  //设置时间

RTC_ExitConfigMode();                       //退出 RTC 配置模式

RTC_NVIC_Config();                          //RCT 中断分组设置

RTC_Get();                                  //更新时间
```

在 RTC 初始化时，把时间初始化为 2021 年 2 月 25 日 9 时 10 分 1 秒了，这样就完成了 RTC 配置功能，在此进行了中断使能，使每秒进行中断，在中断过程中进行了具体时间的读取，参考程序如下：

```
void RTC_IRQHandler(void)
{
    if(RTC_GetITStatus(RTC_IT_SEC)!=RESET)          //秒钟中断
    {
        RTC_Get();                                  //更新时间
    }
    if(RTC_GetITStatus(RTC_IT_ALR)!=RESET)          //闹钟中断
    {
        RTC_ClearITPendingBit(RTC_IT_ALR);          //清闹钟中断
        RTC_Get();                                  //更新时间
    }
    RTC_ClearITPendingBit(RTC_IT_SEC|RTC_IT_OW);    //清闹钟中断
    RTC_WaitForLastTask();

}
```

编写 RTC 设置函数，参考程序如下：

```
u8 RTC_Set(u16 syear,u8 smon,u8 sday,u8 hour,u8 min,u8 sec)
{
    u16 t;
    u32 seccount=0;
    if(syear<1970||syear>2099)return 1;
    for(t=1970;t<syear;t++)                          //把所有年份的秒数相加
    {
        if(Is_Leap_Year(t))seccount+=31622400;//闰年的秒数
        else seccount+=31536000;                     //平年的秒数
    }
    smon-=1;
    for(t=0;t<smon;t++)                              //把前面月份的秒数相加
    {
        seccount+=(u32)mon_table[t]*86400;           //月份秒数相加
        if(Is_Leap_Year(syear)&&t==1)seccount+=86400;
    }                                                //闰年一天的秒数
    seccount+=(u32)(sday-1)*86400;                    //把前面日期的秒数相加
    seccount+=(u32)hour*3600;                         //小时秒数
    seccount+=(u32)min*60;                            //分钟秒数
    seccount+=sec;                                    //把最后的秒数加上去
    RCC_APB1PeriphClockCmd(RCC_APB1Periph_PWR | RCC_APB1Periph_BKP,ENABLE);
    PWR_BackupAccessCmd(ENABLE);                      //使能 RTC 和后备寄存器访问
    RTC_SetCounter(seccount);                         //设置 RTC 计数值
    RTC_WaitForLastTask();                            //等待最近一次对 RTC 寄存器的写操作完成
    return 0;
}
```

进行 RTC 的读取，参考程序如下：

```
u8 RTC_Get(void)
{
    static u16 daycnt=0;
    u32 timecount=0;
    u32 temp=0;
    u16 temp1=0;
    timecount=RTC_GetCounter();
    temp=timecount/86400;                            //得到天数(秒数对应的)
    if(daycnt!=temp)                                 //超过一天了
```

```
        {
            daycnt=temp;
            temp1=1970;                                    //从 1970 年开始
            while(temp>=365)
            {
                if(Is_Leap_Year(temp1))                    //是闰年
                {
                    if(temp>=366)temp-=366;                //调整闰年的年
                    else {temp1++;break;}
                }
                else temp-=365;                            //平年
                temp1++;
            }
            calendar.w_year=temp1;                         //得到年份
            temp1=0;
            while(temp>=28)                                //超过了一个月
            {
                if(Is_Leap_Year(calendar.w_year)&&temp1==1) //是不是闰年 2 月
                {
                    if(temp>=29)temp-=29;                  //调整闰年的月
                    else break;
                }
                else
                {
                    if(temp>=mon_table[temp1])
                    temp-=mon_table[temp1];                //调整平年
                    else break;
                }
                temp1++;
            }
            calendar.w_month=temp1+1;                      //得到月份
            calendar.w_date=temp+1;                        //得到日期
        }
        temp=timecount%86400;                              //得到秒数
        calendar.hour=temp/3600;                           //小时
        calendar.min=(temp%3600)/60;                       //分钟
        calendar.sec=(temp%3600)%60;                       //秒
```

```
        calendar.week=RTC_Get_Week(calendar.w_year,calendar.w_month,calendar.w_date);
        return 0;
    }
```

在主程序中进行 LCD 时间显示，主要进行时间显示处理及串口时间的读取及修改，其中时间显示处理的参考程序如下：

```
    if(t!=calendar.sec)
    {
    t=calendar.sec;
    sprintf((char*)pucStr,"%04u-%02u-%02u %02u:%02u:%02u",calendar.w_year,calendar.w_
month,calendar.w_date,calendar.hour,calendar.min,calendar.sec);
        LCD_DisplayStringLine(Line2,pucStr);
    }
```

在串口中进行设计，当上位机发送字符"C"时，把当前 RTC 时间发送到上位机；当上位机发送字符"S"时，进行设置时间的修改，参考程序如下：

```
    if(pucRcv[0]=='C')
    printf("%02u-%02u-%02u%02u:%02u:%02u \r\n",calendar.w_year,calendar.w_month,calendar.
w_date,calendar.hour,calendar.min,calendar.sec);
    if(pucRcv[0]=='S')
    {
        RTC_Set(2000+time[0],time[1],time[2],time[3],time[4],time[5]);
    }
```

其他程序的编写请读者自行完成，实现实验要求，最终在 LCD 中显示时间。RTC 效果如图9-2所示。

图 9-2 RTC 效果

其中，串口读取 RTC 数据的界面如图9-3所示。

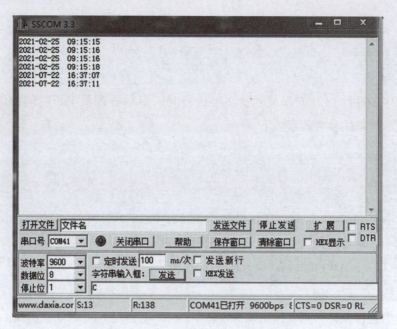

图 9-3　串口读取 RTC 数据的界面

9.3　实验要求

1. 完成实验任务的程序编写，实现实验任务的功能。
2. 掌握每秒进行中断读取 RTC 的设置。
3. 掌握 RTC 调准及设置、修改方法。
4. 已配置 RTC 后，自行在后备存储区增加标志位，防止重复上电配置。

实验 10
ADC 转换

控制系统和处理系统及现代测量仪器常采用计算机进行控制和数据处理。计算机所处理的数据都是数字量，然而大多数的控制对象都是连续变化的模拟量，大多数传感器的输出也是模拟量，这就必须在模拟量和数字量之间进行转换。将模拟信号转换成数字信号，称为模/数（Analong Dota，A/D）转换。本实验将实现外部电压模拟量的信号采集及对芯片内部的温度传感器的温度检测。

 ## 10.1　实验目的

1. 掌握 STM32F1 系列的外部电压模拟量及内部温度采集方法。
2. 熟悉模数转换器（Analog-to-Digital Converter，ADC）的参数设置。
3. 进一步掌握 LCD 显示、串行数据发送等资源的应用。
4. 掌握规则通道与注入通道的区别。

 ## 10.2　实验内容

本实验进行外部电压模拟量及内部温度传感器数据的采集，最终实现外部电压及温度值的显示处理。

▶▶| 10.2.1　STM32 的 ADC ▶▶ ▶

STM32 的 ADC 是一种 12 位的逐次逼近型 ADC。它有多达 18 个通道，可测量 16 个外部和 2 个内部信号源。各通道的 A/D 转换可以采用单次、连续、扫描或间断模式执行。ADC 的结果可以左对齐或右对齐方式存储在 16 位数据寄存器中。模拟看门狗特性允许应用程序检测输入电压是否超出用户定义的高/低阈值。ADC 的输入时钟不得超过 14 MHz，它由 PCLK2 经分频产生。ADC 转换框图如图 10-1 所示。

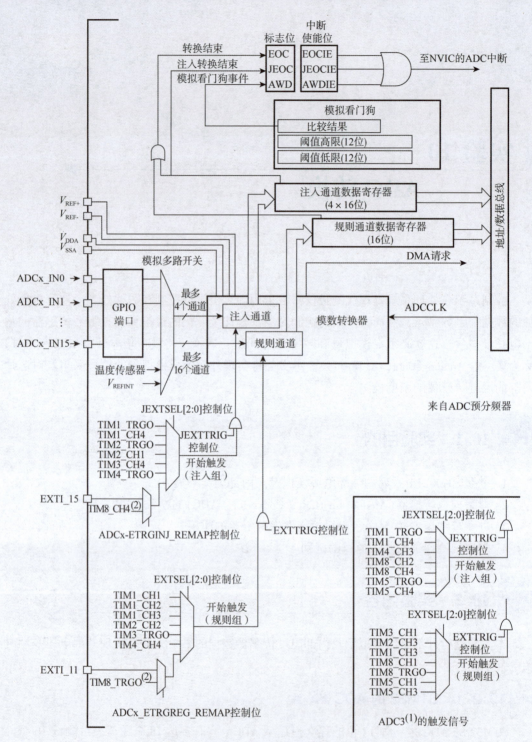

图 10-1　ADC 转换框图

STM32F103 系列最少都拥有 2 个 ADC，每个 ADC 有 16 路转换通道，可以把转换组织成规则组和注入组。在任意多个通道上以任意顺序进行的一系列转换构成成组转换。例如，可以按照以下顺序完成转换：通道 3、通道 8、通道 2、通道 2、通道 0、通道 2、通道

2、通道15。

规则组由多达16个转换组成。规则通道和它们的转换顺序在ADC_SQRx寄存器中选择。规则组中转换的总数应写入ADC_SQR1寄存器的L[3:0]位中。

注入组由多达4个转换组成。注入通道和它们的转换顺序在ADC_JSQR寄存器中选择。注入组中转换的总数应写入ADC_JSQR寄存器的L[1:0]位中。

如果ADC_SQRx或ADC_JSQR寄存器在转换期间被更改，则当前的转换被清除，一个新的启动脉冲将发送到ADC以转换新选择的组。内部温度传感器与通道ADC1_IN16相连接，内部参考电压和通道ADC1_IN17相连接。可以按注入或规则通道对这两个内部通道进行转换。

规则通道相当于正常运行的程序，而注入通道相当于中断。在程序正常执行的时候，中断是可以打断执行的。类似地，注入通道的转换可以打断规则通道的转换，只有在注入通道被转换完成之后，规则通道才得以继续转换。

单次转换模式中，ADC只执行一次转换。该模式既可通过设置ADC_CR2寄存器的ADON位启动，也可通过外部触发启动，这时CONT位为0。以规则通道为例，一旦所选择的通道转换完成，转换结果将被存放在ADC_DR寄存器中，EOC（转换结束标志）将被置位，若设置EOCIE，则会产生中断，然后ADC将停止，直到下一次启动。

连续转换模式中，当前面的ADC转换结束时马上启动另一次转换。此模式可通过外部触发启动或设置ADC_CR2寄存器上的ADON位启动，此时CONT位是1。每次转换后的情况与单次转换模式相同。

ADC开关控制：通过设置ADC_CR2寄存器的ADON位可以给ADC上电。当第一次设置ADON位时，它将ADC从断电状态下唤醒。ADC上电延迟一段时间后，再次设置ADON位时开始进行转换。通过清除ADON位可以停止转换，并将ADC置于断电模式。在这个模式中，ADC几乎不耗电。

ADC时钟是由时钟控制器提供的ADCCLK时钟和PCLK2（APB2时钟）实现同步的，RCC控制器为ADC时钟提供一个专用的可编程预分频器。

▶▶▶ 10.2.2 ADC的库函数 ▶▶▶

ADC_Init()函数的功能是进行ADC的参数初始化，其说明如表10-1所示。

表10-1 ADC_Init()函数说明

函数名	ADC_Init
函数原型	void ADC_Init(ADC_TypeDef*ADCx, ADC_InitTypeDef*ADC_InitStruct)
功能描述	根据ADC_InitStruct中指定的参数初始化外设ADCx
输入参数1	ADCx：x可以是1或2，用来选择ADC外设ADC1或ADC2
输入参数2	ADC_InitStruct：指向结构体ADC_InitTypeDef的指针，包含了外设ADC的配置信息

续表

输出参数	无
返回值	无
先决条件	无
被调用函数	无

其中，ADC_InitTypeDef 为 ADC 参数的结构体，定义如下：

```
typedef struct
{
    uint32_t ADC_Mode;

    FunctionalState ADC_ScanConvMode;

    FunctionalState ADC_ContinuousConvMode;

    uint32_t ADC_ExternalTrigConv;

    uint32_t ADC_DataAlign;

    uint8_t ADC_NbrOfChannel;
}ADC_InitTypeDef;
```

ADC_Mode：设置 ADC 工作在独立或双 ADC 模式，其说明如表 10-2 所示。

表 10-2 ADC_Mode 参数说明

ADC_Mode	描述
ADC_Mode_Independent	ADC1 和 ADC2 工作在独立模式
ADC_Mode_RegInjecSimult	ADC1 和 ADC2 工作在同步规则和同步注入模式
ADC_Mode_RegSimult_AlterTrig	ADC1 和 ADC2 工作在同步规则模式和交替触发模式
ADC_Mode_InjecSimult_FastInterl	ADC1 和 ADC2 工作在同步规则模式和快速交替模式
ADC_Mode_InjecSimult_SlowInterl	ADC1 和 ADC2 工作在同步注入模式和慢速交替模式
ADC_Mode_InjecSimult	ADC1 和 ADC2 工作在同步注入模式
ADC_Mode_RegSimult	ADC1 和 ADC2 工作在同步规则模式
ADC_Mode_FastInterl	ADC1 和 ADC2 工作在快速交替模式
ADC_Mode_SlowInterl	ADC1 和 ADC2 工作在慢速交替模式
ADC_Mode_AlterTrig	ADC1 和 ADC2 工作在交替触发模式

ADC_ScanConvMode：规定模/数转换工作在扫描模式（多通道）还是单次（单通道）模式。可以设置这个参数为 ENABLE 或 DISABLE。

ADC_ContinuousConvMode：规定模/数转换工作在连续还是单次模式。可以设置这个参数为 ENABLE 或 DISABLE。

ADC_ExternalTrigConv：定义使用外部触发来启动规则通道的模/数转换，其说明如表 10-3 所示。

表 10-3　ADC_ExternalTrigConv 参数说明

ADC_ExternalTrigConv	描述
ADC_ExternalTrigConv_T1_CC1	选择 TIM1 的捕获比较 1 作为转换外部触发
ADC_ExternalTrigConv_T1_CC2	选择 TIM1 的捕获比较 2 作为转换外部触发
ADC_ExternalTrigConv_T1_CC3	选择 TIM1 的捕获比较 3 作为转换外部触发
ADC_ExternalTrigConv_T2_CC2	选择 TIM2 的捕获比较 2 作为转换外部触发
ADC_ExternalTrigConv_T3_TRGO	选择 TIM3 的 TRGO 作为转换外部触发
ADC_ExternalTrigConv_T4_CC4	选择 TIM4 的捕获比较 4 作为转换外部触发
ADC_ExternalTrigConv_Ext_IT11	选择外部中断线 11 事件作为转换外部触发
ADC_ExternalTrigConv_None	转换由软件而不是外部触发启动

ADC_DataAlign：规定 ADC 数据向左边对齐还是向右边对齐。

ADC_NbrOfChannel：规定顺序进行规则转换的 ADC 通道的数目。

ADC_Cmd( ) 函数的功能是使能或失能指定的 ADC，其说明如表 10-4 所示。

表 10-4　ADC_Cmd( ) 函数说明

函数名	ADC_Cmd
函数原型	void ADC_Cmd(ADC_TypeDef*ADCx，FunctionalState NewState)
功能描述	使能或失能指定的 ADC
输入参数 1	ADCx：x 可以是 1 或 2，用来选择 ADC 外设 ADC1 或 ADC2
输入参数 2	NewState：外设 ADCx 的新状态。这个参数可以取 ENABLE 或 DISABLE
输出参数	无
返回值	无
先决条件	无
被调用函数	无

ADC_ResetCalibration( ) 函数用于重置指定的 ADC 的校准寄存器。

ADC_GetResetCalibrationStatus( ) 函数用于获取 ADC 重置校准寄存器的状态。

ADC_StartCalibration( ) 函数用于开始指定 ADC 的校准状态。

ADC_GetCalibrationStatus( ) 函数用于获取 ADC 的校准状态。

ADC_SoftwareStartConvCmd( ) 函数用于使能或失能指定 ADC 的软件转换启动功能。

ADC_RegularChannelConfig( ) 函数用于指定规则组通道，设置转换顺序和采样时间。其中，ADC_Channel 参数指定了调用 ADC_RegularChannelConfig( ) 函数来设置的 ADC 通道；ADC_SampleTime 参数设定了选中通道的 ADC 采样时间。

ADC_AutoInjectedConvCmd( ) 函数用于使能或失能指定 ADC 在规则组转换后自动开始注入组转换。

ADC_SoftwareStartInjectedConvCmd( ) 函数用于使能或失能 ADC 软件启动注入组转换功能。

ADC_GetFlagStatus( )函数用于检查指定 ADC 标志位是否到达。

ADC_ClearFlag( )函数用于进行指定标志位清除。

ADC_GetConversionValue( )函数用于返回最近一次 ADC 规则组的转换结果。

ADC_GetInjectedConversionValue( )函数用于返回 ADC 注入通道的转换结果。

▶▶▶ 10.2.3 ADC 转换原理图分析 ▶▶▶ ▶

由于需要采集一路外部电压信号、一路内部芯片温度检测信号,可知内部温度检测由芯片内连接,因此不需要外接电路。外部电压采集电路如图 10-2 所示。

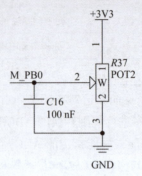

图 10-2 外部电压采集电路

图 10-2 中,外部电压的采集使用可调电阻进行电压调节,把调整中间端直接接到了 MCU 的 PB0 引脚。

▶▶▶ 10.2.4 ADC 内部温度传感器 ▶▶▶ ▶

温度传感器用于测量设备的环境温度。温度传感器内部连接到 ADC_IN16 输入通道,这个通道用于把传感器的输出电压转换为数字量。温度传感器模拟输入的采样时间必须大于 2.2 μs。在芯片内部,温度传感器可以用来测量 CPU 及环境温度。ADC 温度检测框图如图 10-3 所示。

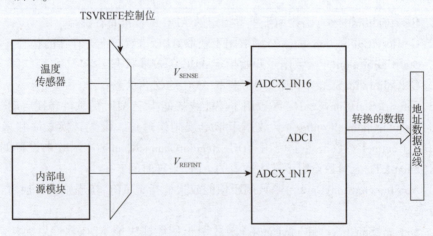

图 10-3 ADC 温度检测框图

STM32 内部温度传感器的使用很简单，只要设置内部 ADC，并激活其内部通道就基本可以了。对温度传感器进行设置时需注意以下两点。

（1）要使用 STM32 的内部温度传感器，必须先激活 ADC 的内部通道，可以通过 ADC_CR2 的 AWDEN 位（bit23）设置。设置该位为 1，则启用内部温度传感器。

（2）STM32 的内部温度传感器固定连接在 ADC 的通道 16 上，所以在设置好 ADC 之后只要读取通道 16 的值，就可得到温度传感器返回的电压值。根据这个值，就可以计算出当前温度。当前温度传感器的温度的计算公式如下：

$$温度（℃）= [（V_{25} - V_{SENSE}）/ Avg\_Slope] + 25$$

其中，$V_{25} = V_{SENSE}$ 在 25℃ 时的数值；Avg_Slope = 温度与 V_{SENSE} 曲线的平均斜率（单位为 mV/℃ 或 μV/℃）。

利用上式即可计算当前温度传感器的温度。

▶▶▶ **10.2.5　软件程序设计** ▶▶▶

本实验要求实现的功能为进行外部电压采集及内部温度采集，所以要用到两个转换通道，这里使用规则及注入式两种方式实现。这里使用 ADC1 进行功能实现，首先需对外接的 GPIO 进行外部功能复用，其 ADC1 外部通道 8 的对应引脚为 PB0。

ADC 双路通道的初始化程序如下：

```
RCC_APB2PeriphClockCmd(RCC_APB2Periph_ADC1,ENABLE);

RCC_ADCCLKConfig(RCC_PCLK2_Div8);

GPIO_InitStruct.GPIO_Pin=GPIO_Pin_0;

GPIO_InitStruct.GPIO_Mode=GPIO_Mode_AIN;

GPIO_Init(GPIOB,&GPIO_InitStruct);

ADC_InitStruct.ADC_Mode=ADC_Mode_Independent;

ADC_InitStruct.ADC_ScanConvMode=DISABLE;

ADC_InitStruct.ADC_ContinuousConvMode=DISABLE;

ADC_InitStruct.ADC_ExternalTrigConv=ADC_ExternalTrigConv_None;

ADC_InitStruct.ADC_DataAlign=ADC_DataAlign_Right;

ADC_InitStruct.ADC_NbrOfChannel=1;

ADC_Init(ADC1,&ADC_InitStruct);

ADC_RegularChannelConfig(ADC1,ADC_Channel_8,1,ADC_SampleTime_1Cycles5);

ADC_InjectedChannelConfig(ADC1,ADC_Channel_16,1,ADC_SampleTime_239Cycles5);

ADC_TempSensorVrefintCmd(ENABLE);

ADC_AutoInjectedConvCmd(ADC1,ENABLE);

ADC_Cmd(ADC1,ENABLE);
```

以上的初始化程序中，要注意一点，因为在默认状态下，ADCCLK 为 36 MHz，此时的采样时间为(239.5+12.5)/36 μs＝7 μs<17.1 μs，会影响温度传感器数据的采集。因此，在程序中应把 ADC 的频率降下来，所以使用 RCC_ADCCLKConfig(RCC_PCLK2_Div8)，把 ADC 的运行时间降低。接着还需要对 ADC 进行校准，代码如下：

```
ADC_ResetCalibration(ADC1);
while(ADC_GetResetCalibrationStatus(ADC1));
ADC_StartCalibration(ADC1);
while(ADC_GetCalibrationStatus(ADC1));
```

经过上面的初始化后，采用规则方式进行外部电压采集，采集值程序可参考如下（软件先进行触发转换，再判断转换是否完成，最后读取采集值）：

```
unsigned int ADC1_Conv(void)
{
    ADC_SoftwareStartConvCmd(ADC1,ENABLE);
    while(!ADC_GetFlagStatus(ADC1,ADC_FLAG_EOC));
    return ADC_GetConversionValue(ADC1);
}
```

针对注入式采集值，使用以下程序进行读取：

```
unsigned int ADC1_InjeConv(void)
{
    ADC_SoftwareStartConvCmd(ADC1,ENABLE);
    ADC_SoftwareStartInjectedConvCmd(ADC1,ENABLE);
    while(!ADC_GetFlagStatus(ADC1,ADC_FLAG_JEOC));
    ADC_ClearFlag(ADC1,ADC_FLAG_JEOC);
    return ADC_GetInjectedConversionValue(ADC1,ADC_InjectedChannel_1);
}
```

最后，在主程序中，要注意采集值与实际值的转换，特别是内部温度值的转换读取，主要参考程序如下：

```
uiAdc_Val=ADC1_Conv();
fAdc_Val=(float)uiAdc_Val*3.3/4095;
uiAdc_Val=ADC1_InjeConv();
fAdc_Val=(float)25+(5855.85-3.3*uiAdc_Val)/17.6085;
```

最终采集值及转换后的实际值在 LCD 上显示并通过串口上传到上位机。

程序设计好且编译无错误后，将其下载到开发板上运行，在 LCD 上可看到两个 ADC 转换的值的显示，如图 10-4 所示。

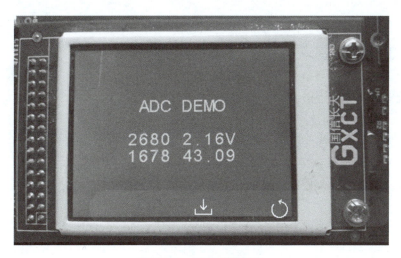

图 10-4　ADC 转换效果

　　LCD 的显示及串口进行采集的值的上传，使用了前面实验的知识。串口接收 ADC 转换数据如图 10-5 所示。

图 10-5　串口接收 ADC 转换数据

 10.3　实验要求

1. 完成实验任务的程序编写，实现实验任务的功能。

2. 掌握 ADC 的规则及注入式转换的设置方法。

3. 掌握采集值与最终实际值的转换方式。

4. 实现 LCD 显示两路采集值及转换后的实际值。

5. 实现经串口通信，发送数据到上位机显示两路采集值及转换值。

实验 11

DHT11 温湿度传感器

本实验利用 STM32 的一个 GPIO 端口，进行 DHT11 温湿度传感器的时序模拟控制。DHT11 内部包含一个电阻式测湿元件和一个负温度系数(Negative Temperature Coefficient, NTC)测温元件，在一些家电小设备中应用广泛，价格便宜。本实验的任务是使用 DHT11 温湿度传感器进行温湿度采集，并将采集的温湿度显示到 LCD 上。

 ## 11.1 实验目的

1. 掌握 GPIO 时序模拟，进行 DHT11 芯片控制。
2. 掌握 DHT11 采集的温湿度数据的格式，能正确进行温湿度解码。
3. 熟悉 GPIO 的各类时序模拟方法。
4. 复习 LCD 字符串的显示方法，进行温湿度的显示。

 ## 11.2 实验内容

本实验运用 DHT11 温湿度传感器进行外部环境的温度、湿度值的检测。

▶▶▶ 11.2.1 DHT11 简介 ▶▶ ▶

DHT11 是一款温湿度一体化的数字传感器。该传感器包括一个电阻式测湿元件和一个 NTC 测温元件，并与一个高性能 8 位单片机相连接。该传感器通过与单片机等微处理器进行简单的电路连接就能够实时地采集本地湿度和温度。DHT11 与单片机之间能采用简单的单总线进行通信，仅仅需要一个 I/O 端口。DHT11 内部湿度和温度数据(40 bit 的数据)一次性传输给单片机，数据采用校验和方式进行校验，有效保证数据传输的准确性。DHT11 的功耗很低，在 5 V 电源电压下，其工作平均最大电流为 0.5 mA。

DHT11 的技术参数如下。

工作电压范围：3.3~5.5 V。

工作电流：平均 0.5 mA。

输出：单总线数字信号。

测量范围：湿度 20%~90%RH，温度 0~50 ℃。

精度：湿度±5%，温度±2%。

分辨率：湿度 1%，温度 1 ℃。

DHT11 实物如图 11-1 所示。

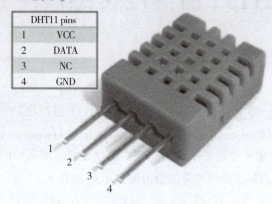

图 11-1　DHT11 实物

DHT11 采用单总线数据格式，即单个数据引脚完成输入、输出双向传输。其数据包由 5 Byte(40 bit)组成。数据分为小数部分和整数部分，一次完整的数据传输为 40 bit，高位先出。DHT11 的数据格式如图 11-2 所示。由图可知，DHT11 的数据格式为：8 bit 湿度整数数据+8 bit 湿度小数数据+8 bit 温度整数数据+8 bit 温度小数数据+8 bit 校验和。其中，校验和数据为前 4 个字节相加之和的后 8 位。DHT11 输出的是未编码的二进制数据。各数据(湿度、温度、整数、小数)之间应该分开处理。

Byte4	Byte3	Byte2	Byte1	Byte0
00101101	00000000	00011100	00000000	01001001
整数	小数	整数	小数	校验和
湿度		温度		校验和

图 11-2　DHT11 的数据格式

由以上数据就可得到湿度和温度的值，计算方法如下：

$$湿度 = Byte4. Byte3 = 45(\%RH)$$

$$温度 = Byte2. Byte1 = 28.0(℃)$$

$$校验和 = Byte4+Byte3+Byte2+Byte1 = 73(=湿度+温度)(校验正确)$$

可以看出，DHT11 的数据格式是十分简单的。DHT11 和 MCU 的一次通信时间最大为 3 ms 左右，建议主机连续读取时间间隔不要小于 100 ms。

时序图可参考 DHT11 数据手册。

▶▶▶|11.2.2 DHT11原理图分析 ▶▶▶▶

DHT11的电路连接比较简单,因为只需使用单总线方式进行控制。DHT11在蓝桥杯嵌入式开发板的扩展板上,其原理图如图11-3所示。

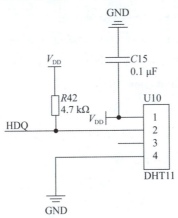

图11-3 DHT11原理图

使用短接帽把扩展板的P3与P4的引脚进行短接,这样扩展板插入主开发板后,DHT11的控制引脚就接入CPU的PA7引脚了。使用DHT11的硬件连接如下:P4.7(PA7)—P3.7(HDQ)。

▶▶▶|11.2.3 软件程序设计 ▶▶▶▶

首先要进行DHT11的单总线GPIO端口的参数初始化,参考程序如下:

```
RCC_APB2PeriphClockCmd(RCC_APB2Periph_GPIOA,ENABLE);

GPIO_InitStructure.GPIO_Pin=GPIO_Pin_7;

GPIO_InitStructure.GPIO_Mode=GPIO_Mode_Out_PP;

GPIO_InitStructure.GPIO_Speed=GPIO_Speed_2MHz;

GPIO_Init(GPIOA,&GPIO_InitStructure);

GPIO_SetBits(GPIOA,GPIO_Pin_7);
```

其次,因为使用单总线,此引脚既要用作输入,又要用作输出,所以把GPIO输入、输出配置做成函数,方便时序模拟时的灵活转换,参考程序如下:

```
void mode_input(void)

{

    GPIO_InitTypeDef GPIO_InitStructure;

    GPIO_InitStructure.GPIO_Pin=GPIO_Pin_7;

    GPIO_InitStructure.GPIO_Mode=GPIO_Mode_IPU;

    GPIO_InitStructure.GPIO_Speed=GPIO_Speed_2MHz;

    GPIO_Init(GPIOA,&GPIO_InitStructure);
```

```
    }
    void mode_output(void)
    {
        GPIO_InitTypeDef GPIO_InitStructure;
        GPIO_InitStructure.GPIO_Pin=GPIO_Pin_7;
        GPIO_InitStructure.GPIO_Mode=GPIO_Mode_Out_PP;
        GPIO_InitStructure.GPIO_Speed=GPIO_Speed_2MHz;
        GPIO_Init(GPIOA,&GPIO_InitStructure);
    }
```

最后，根据 DHT11 的时序要求，进行 40（bit）位数据的获取，参考程序如下：

```
    GPIO_ResetBits(GPIOA,GPIO_Pin_7);
    delay_us(13000);
    GPIO_SetBits(GPIOA,GPIO_Pin_7);
    delay_us(10);
    mode_input();
    timeout=5000;
    while((!GPIO_ReadInputDataBit(GPIOA,GPIO_Pin_7))&&(timeout > 0))
    timeout--;
    timeout=5000;
    while(GPIO_ReadInputDataBit(GPIOA,GPIO_Pin_7)&&(timeout > 0))timeout--;
    for(i=0;i<40;i++)
    {
        timeout=5000;
        while((!GPIO_ReadInputDataBit(GPIOA,GPIO_Pin_7))&&(timeout > 0))
        timeout--;
        delay_us(28);
        if(GPIO_ReadInputDataBit(GPIOA,GPIO_Pin_7))
        {
            val=(val<<1)+1;
        }
        else
        {
            val<<=1;
        }
        timeout=5000;
        while(GPIO_ReadInputDataBit(GPIOA,GPIO_Pin_7)&&(timeout > 0))
        timeout--;
```

```
}
mode_output();
GPIO_SetBits(GPIOA,GPIO_Pin_7);
if(((val>>32)+(val>>24)+(val>>16)+(val>>8)-val)& 0xff)return 0;
else return val>>8;
```

从以上程序可知，若正确读取到40位数据后，通过校验，则只会返回32位温湿度相关的数据；若校验未通过，则返回0。

主程序中，只需每秒进行DHT11数据的读取，如果读取的数据有效，那么就使用LCD进行湿度整数部分值及温度整数部分值的显示。本实验主要参考程序如下：

```
uiDht_Val=dht11_read();
if(uiDht_Val)
{
    sprintf((char*)pucStr,"Humidity:% 2d% % ",uiDht_Val>>24);
    LCD_DisplayStringLine(Line3,pucStr);
    sprintf((char*)pucStr,"Temperature:% 2dC",(uiDht_Val>>8)&0xff);
    LCD_DisplayStringLine(Line5,pucStr);
}
```

更详细的程序编写，请读者自行完成。最终通过程序的编译及下载仿真，看LCD上是否能正常显示出当前环境的温度值及湿度值。

 ## 11.3　实验要求

1. 完成实验任务的程序编写，实现实验任务的功能。
2. 掌握DHT11的单总线时序的控制原理，思考如何读取40位数据。
3. 掌握GPIO端口进行单总线的模拟。
4. 掌握单总线40位数据的含义，思考如何进行校验及对温湿度数据的解码。
5. 复习LCD的显示，能够正确地显示采集的温湿度。

实验 12
IIC 存储器

本实验将介绍如何利用 STM32F1 的普通 I/O 端口模拟集成电路总线(Inter-Integrated Circuit,IIC)时序,并实现和 AT24C02 之间的双向通信。

 ## 12.1　实验目的

1. 掌握 IIC 控制协议,能使用 GPIO 进行时序模拟。
2. 掌握 AT24C02 存储控制芯片的读/写。
3. 掌握存储器字节、页写的程序实现。
4. 熟悉 GPIO 端口的控制,实现时序模拟。

 ## 12.2　实验内容

本实验使用 GPIO 端口,模拟 IIC 的控制时序,对 AT24C02 存储器进行数据的读/写。

▶▶▶ 12.2.1　IIC 控制协议简介 ▶▶▶

IIC 总线是一种由飞利浦(PHILIPS)公司开发的两线式串行总线,用于连接 MCU 及其外围设备。它是由数据线 SDA 和时钟线 SCL 构成的串行总线,可发送和接收数据。在 CPU 与被控集成电路(Integrated Circuit,IC)之间、IC 与 IC 之间进行双向传输,高速 IIC 总线传输速率可达 400 kbit/s 以上。

IIC 总线传输数据过程中有 3 种类型信号,分别是开始信号、结束信号和应答信号。

开始信号:SCL 为高电平时,SDA 由高电平向低电平跳变,开始传输数据。

结束信号:SCL 为高电平时,SDA 由低电平向高电平跳变,结束数据的传输。

应答信号:接收数据的 IC 在接收到 8 bit 数据后,向发送数据的 IC 发送特定的低电平脉冲,表示已接收到数据。CPU 向受控单元发出一个信号后,等待受控单元发出一个应答信号，CPU 接收到应答信号后，根据实际情况做出是否继续传递信号的判断。若未接收到应答信号，则由此判断出受控单元出现故障。

这些信号中，开始信号是必需的，最后加入结束信号，如图 12-1 所示。

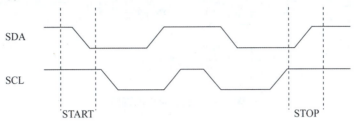

图 12-1　DHT11 时序图

应答信号的时序图如图 12-2 所示。

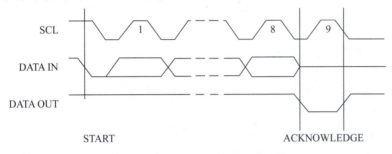

图 12-2　应答信号的时序图

▶▶|12.2.2　AT24C02 芯片简介 ▶▶▶ ▶

蓝桥杯嵌入式开发板上的 EEPROM 芯片型号为 AT24C02，总容量是 256 个字节。该芯片通过 IIC 总线与外部相连，支持 16 Byte 页写，写周期内部定时（小于 5 ms），2 线串行接口，可实现 8 个器件共用一个接口，工作电压为 2.7~5.5 V，8 引脚封装。

该芯片的引脚定义如下。

E0~E2：芯片的地址设置。如果多个芯片挂载在一根 IIC 总线上，那么多个芯片就需要不同的地址来进行区分。

SDA：IIC 总线上的串行数据、地址、命令的发送与接收。

SCL：IIC 总线上的串行时钟。

WC：写保护。控制此引脚，当其连接到高电平时，可进行芯片的写操作的保护。

时序图可参考 AT24C02 的数据手册。

目前大部分 MCU 都带有 IIC 总线接口，STM32 也不例外。但是这里不使用 STM32 的硬件 IIC 来读/写 AT24C02，而是通过软件模拟。STM32 的硬件 IIC 非常复杂，更重要的是其不稳定，故不推荐使用。有兴趣的读者可以自行研究 STM32 的硬件 IIC。

▶▶|12.2.3　AT24C02 原理图分析 ▶▶▶ ▶

AT24C02 原理图如图 12-3 所示。

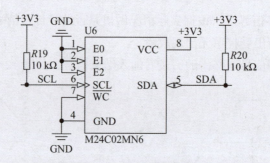

图 12-3　AT24C02 原理图

由图 12-3 可知，3 根地址线全都接地，所以读/写此芯片的地址为（0xa0/0xa1），IIC 与 CPU 连接的引脚，都需要使用上拉电阻，因为 IIC 上的接口都为 OC 开漏。

在 J1、J2 两个插针中，要进行短接，SCL 连接到了 PB6 上，SDA 连接到了 PB7 上，所以最终要初始化这两个 GPIO 端口，进行 IIC 时序模拟。

▶▶▶ 12.2.4　软件程序设计 ▶▶▶

首先，对 IIC 控制的两线 GPIO 端口进行初始化，把两端口初始化为输出模式，参考程序如下：

```
#defineIIC_PORT    GPIOB

#define SDA_Pin GPIO_Pin_7

#define SCL_Pin GPIO_Pin_6

GPIO_InitTypeDef GPIO_InitStructure;

RCC_APB2PeriphClockCmd(RCC_APB2Periph_GPIOB,ENABLE);

GPIO_InitStructure.GPIO_Pin=SDA_Pin | SCL_Pin;

GPIO_InitStructure.GPIO_Speed=GPIO_Speed_2MHz;

GPIO_InitStructure.GPIO_Mode=GPIO_Mode_Out_PP;

GPIO_Init(IIC_PORT,&GPIO_InitStructure);
```

注意 SDA，其既可作为输入，也可作为输出使用，设计两个函数进行状态的快速切换，代码如下：

```
void SDA_Input_Mode()

{

    GPIO_InitTypeDef GPIO_InitStructure;

    GPIO_InitStructure.GPIO_Pin=SDA_Pin;

    GPIO_InitStructure.GPIO_Speed=GPIO_Speed_2MHz;

    GPIO_InitStructure.GPIO_Mode=GPIO_Mode_IPU;

    GPIO_Init(IIC_PORT,&GPIO_InitStructure);

}

void SDA_Output_Mode()
```

```
    {
        GPIO_ InitTypeDef GPIO_ InitStructure;
        GPIO_ InitStructure.GPIO_ Pin=SDA_ Pin;
        GPIO_ InitStructure.GPIO_ Speed=GPIO_ Speed_ 2MHz;
        GPIO_ InitStructure.GPIO_ Mode=GPIO_ Mode_ Out_ PP;
        GPIO_ Init(IIC_ PORT,&GPIO_ InitStructure);
    }
```

其次，根据 IIC 的时序要求，进行程序设计，例如进行开始信号时序模拟，参考程序如下：

```
    void IICStart(void)
    {
        SDA_ Output(1); delay1(500);
        SCL_ Output(1); delay1(500);
        SDA_ Output(0); delay1(500);
        SCL_ Output(0); delay1(500);
    }
```

模拟停止信号时序，参考程序如下：

```
    void IICStop(void)
    {
        SCL_ Output(0); delay1(500);
        SDA_ Output(0); delay1(500);
        SCL_ Output(1); delay1(500);
        SDA_ Output(1); delay1(500);
    }
```

进行 IIC 发送字节，参考程序如下：

```
    void IICSendByte(unsigned char cSendByte)
    {
        unsigned char i=8;
        while(i--)
        {
            SCL_ Output(0); delay1(500);
            SDA_ Output(cSendByte & 0x80); delay1(800);
            cSendByte+=cSendByte;
            delay1(500);
            SCL_ Output(1);delay1(500);
        }
        SCL_ Output(0); delay1(500);
    }
```

从 IIC 总线中接收一个字节数据，参考程序如下：

```c
unsigned char IICReceiveByte(void)
{
    unsigned char i=8;
    unsigned char cR_Byte=0;
    SDA_Input_Mode();
    while(i--)
    {
        cR_Byte+=cR_Byte;
        SCL_Output(0); delay1(500);
        delay1(500);
        SCL_Output(1); delay1(500);
        cR_Byte |=SDA_Input();
    }
    SCL_Output(0); delay1(500);
    SDA_Output_Mode();
    return cR_Byte;
}
```

最后，编写 IIC 读字符串函数，参考程序如下：

```c
void IIC_read(unsigned char* pucBuf,unsigned char ucAddr,unsigned char ucNum)
{
    IICStart();
    IICSendByte(0xa0);
    IICWaitAck();
    IICSendByte(ucAddr);
    IICWaitAck();
    IICStart();
    IICSendByte(0xa1);
    IICWaitAck();
    while(ucNum--)
    {
        *pucBuf++=IICReceiveByte();
        if(ucNum)
            IICSendAck();
        else
            IICSendNotAck();
    }
    IICStop();
}
```

写数据到 IIC 的驱动程序中，参考程序如下：

```
void IIC_write(unsigned char*  pucBuf,unsigned char ucAddr,unsigned char ucNum)
{
    IICStart();
    IICSendByte(0xa0);
    IICWaitAck();
    IICSendByte(ucAddr);              //字符串首地址
    IICWaitAck();
    while(ucNum--)
    {
        IICSendByte(*pucBuf++);
        IICWaitAck();
    }
    IICStop();
    delay1(500);
}
```

主程序中，其主要实现实验任务要求，应用页写，将 256 字节写入整个存储芯片，同时把写入完成的页数在 LCD 上显示，并经串口发送到上位机显示；最终把写入存储器的数据全部读出，经串口发送到上位机显示，主要实现程序如下：

```
for(i=0;i<14;i++)
pucBuf1[i]=i+0x30;
pucBuf1[14]=0x0d;
pucBuf1[15]=0x0a;
for(i=0;i<16;i++)
{
    IIC_write(pucBuf1,i*16,16);        //页写(最多16 Byte)
    LED_Disp(i);
    LCD_DisplayChar(Line5,176,i/10+0x30);
    LCD_DisplayChar(Line5,160,i%10+0x30);
    printf("%02u ",i);
}
IIC_read(pucBuf2,0,255);
printf("\r\n%s\r\n",pucBuf2);
```

在主程序中，首先进行写入缓存的数组参数的初始化，进行 16 字节一页缓存区赋值。然后以页写的方式，进行 256 字节数据写满存储器。最后把写入存储器的数据读取出来，从串口上传到上位机显示。串口读取 AT24C02 数据如图 12-4 所示。

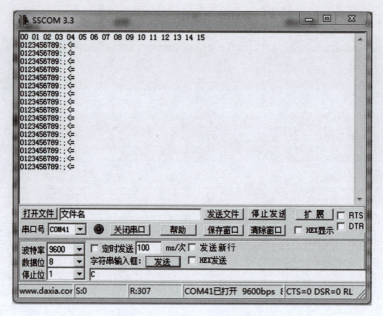

图 12-4　串口读取 AT24C02 数据

根据上面的参考程序，请读者自行完成整个工程项目程序的编写，最终通过编译及下载；使用上位机的串口调试助手，将 PC 与开发板的串口进行连接，上电后查看能否达到图 12-4 所示的效果。

 ## 12.3　实验要求

1. 完成实验任务的程序编写，实现实验任务的功能。
2. 掌握 GPIO 端口模拟 IIC 时序的方法。
3. 掌握 AT24C02 存储芯片的控制，能对其进行读/写操作。
4. 熟悉存储器的字节、页写编程，能进行多字节存储区数据的读取。
5. 复习 LED、LCD、串口的功能实现，根据要求能在 LED、LCD 上进行字节显示。

参 考 文 献

[1]刘军，张洋，严汉宇. 例说 STM32［M］. 3 版. 北京：北京航空航天大学出版社，2018.

[2]冯丽，刘超. 单片机原理及接口技术实验教程［M］. 北京：北京邮电大学出版社，2015.

[3]陈志旺. STM32 嵌入式微控制器快速上手［M］. 北京：电子工业出版社，2015.

[4]武奇生，白璘，惠萌，等. 基于 ARM 的单片机应用及实践——STM32 案例式教学［M］.
北京：机械工业出版社，2019.

[5]刘火良，杨森. STM32 库开发实战指南［M］. 北京：机械工业出版社，2013.

[6]张洋，刘军，严汉宇，等. 原子教你玩 STM32(库函数版)［M］. 2 版. 北京：北京航空
航天大学出版社，2015.

[7]郑亮，王戬，袁健男，等. 嵌入式系统开发与实践——基于 STM32F10X 系列［M］. 北
京：北京航空航天大学出版社，2015.

[8]蒙博宇. STM32 自学笔记［M］. 2 版. 北京：北京航空航天大学出版社，2014.

[9]屈微，王志良. STM32 单片机应用基础与项目实践——微课版［M］. 北京：清华大学
出版社，2019.

[10]张勇. ARM Cortex-M3 嵌入式开发与实践——基于 STM32F103［M］. 北京：清华大学
出版社，2021.

[11]王益涵. 嵌入式系统原理及应用——基于 ARM Cortex-M3 内核的 STM32F103 系列微
控制器［M］. 北京：清华大学出版社，2021.

[12]刘黎明，王建波，赵纲领，等. 嵌入式系统基础与实践——基于 ARM Cortex-M3 内核
的 STM32 微控制器［M］. 北京：电子工业出版社，2020.

[13]邱吉锋，曾伟业. 世界技能大赛电子技术项目 B 模块实战指导——STM32F1 HAL 库
实战开发［M］. 北京：电子工业出版社，2019

[14]郭书军. ARM Cortex-M3 系统设计与实现——STM32 基础篇［M］. 2 版. 北京：电子
工业出版社，2018.

[15]高延增，龚雄文，林祥果. 嵌入式系统开发基础教程——基于 STM32F103 系列［M］.
北京：机械工业出版社，2021.